U0928111

储能技术及应用

李建林　徐少华　刘超群
靳文涛　杨水丽　胡　娟
牛　萌　吕洪章　李海峰　编著
程　伟　杜笑天　侯小贺
李章溢　庞　博

机械工业出版社

本书针对储能的国内外发展现状、制约因素、规模化应用技术路线和商业模式进行了研究，总结了国内外储能的应用现状、装机容量、各类储能的装机占比及近年来储能的增长趋势，对各类型储能的原理和研究现状及其在电力系统应用领域的适应性进行分析。同时分析了储能规模化推广亟需解决的关键技术，包括制约储能产业发展的技术因素、成本价格及政策补贴因素等。介绍了国内外现有的分布式光储、电力服务、电动汽车和动力电池梯次利用的商业模式，并对储能系统在西北电网中规模化应用的前景进行展望，给出了西北电网中相应储能示范工程的部署建议。

本书可供从事大规模新能源发电、储能技术和智能电网等领域相关研究人员参考使用，也可供高等院校广大师生借鉴参考。

图书在版编目（CIP）数据

储能技术及应用/李建林等编著. —北京：机械工业出版社，2018.11
ISBN 978-7-111-61392-3

Ⅰ. ①储… Ⅱ. ①李… Ⅲ. ①储能—技术—研究 Ⅳ. ①TK02

中国版本图书馆 CIP 数据核字（2018）第 261001 号

机械工业出版社（北京市百万庄大街 22 号 邮政编码 100037）
策划编辑：张万英 责任编辑：朱 历
责任校对：胡 颖 封面设计：侯媛媛
北京宝昌彩色印刷有限公司印刷
2018 年 11 月第 1 版第 1 次印刷
140mm×203mm · 4.25 印张 · 109 千字
标准书号：ISBN 978-7-111-61392-3
定价：58.00 元

凡购本书，如有缺页、倒页、脱页，由本社发行部调换

电话服务 网络服务
服务咨询热线：010-88361066 机工官网：www.cmpbook.com
读者购书热线：010-68326294 机工官博：weibo.com/cmp1952
010-88379203 金书网：www.golden-book.com
封面无防伪标均为盗版 教育服务网：www.cmpedu.com

前　言

储能即能量存储，是指通过一种介质或者设备，把一种能量形式用同一种或者转换成另一种能量形式存储起来，基于未来应用需要以特定能量形式释放出来的循环过程。根据国际能源署的研究，为满足新能源消纳需求，预测美国、欧洲、中国和印度到2050年将需要增加310 GW并网电力储存能力。麦肯锡的研究则认为到2025年储能技术将具有颠覆性作用，并对经济产生显著影响。世界许多国际组织和国家把发展储能作为缓解能源供应矛盾、应对气候变化的重要措施，并制定了发展战略，提出了2030年、2050年明确的发展目标和相应的激励政策。近年来，中国新能源建设进入了快速发展阶段，但中国新能源资源富集区远离负荷中心，当地电网无法全部消纳。为了应对新能源发电快速发展给电网安全运行带来的挑战，可以通过大规模储能系统为电网提供灵活可靠的调度资源，改善新能源发电的间歇性和波动性，提高电网调峰调频能力，实现电网安全、稳定和经济运行。

本书针对储能的国内外发展现状、制约因素、规模化应用技术路线和商业模式进行了研究，主要内容如下：①总结了国内外储能的应用现状、装机容量、各类储能的装机占比及近年来储能的增长趋势，对各类型储能的原理和研究现状及其在电力系统应用领域的适应性进行了分析，并对国内外储能市场和政策环境进行了研究（相关数据截止时间为2017年底）；②分析了储能规模化推广亟需解决的关键技术，包括制约储能产业发展的技术因素、成本价格及政策补贴因素，对现有储能类型的成本进行了对比分析，得出各类储能到2020年的大概成本；③研究了各类储能未来发展的路线图，对2020年、2030年储能技术的发展趋势、应用情况进行了展望，并总结了国内外与储能相关的标准；④研究了国内外现有的分布式光储、电力服务、电动汽车和动力电池梯次利用的商业模式，给出了中国储能规模化应用的政策建议；⑤对储能系统在西北电网中规模化应用的前景进行了展望，并给出了西北电网中相应储能示范工程的部署建议。

本书共分为7章。

第1章调研了物理储能、电化学储能、储冷（热）和储氢等各类型储能的技术参数，对比分析了各类型储能技术成熟度，结合储能技术特性，研究了各类型储能技术在大规模新能源发电、微电网、分布式光储和调峰调频辅助服务等领域的适用性。该部分内容由刘超群、靳文涛、牛萌和吕洪章撰写整理。

第2章分别对规模化储能系统的多点布局、类型选择和容量优化配置技术，核心装备制造技术，储能站群的动态功率与能量管理技术，多运行目标下储能系统广域调度技术以及规模化储能工程化应用技术进行了归纳梳理。该部分内容由李建林和徐少华撰写整理。

第3章研究了储能参与可再生能源发电从本地应用向系统级应用、从单一功能走向多元化以及从功能性示范到需求导向型应用的发展路线，并根据当前电力体制改革发展方向，提出了储能应用趋势和应用技术发展路线图，同时基于储能不同应用领域及其关键应用技术，研究了储能应用技术标准化体系。该部分内容由胡娟、李海峰、庞博和吕洪章撰写整理。

第4章调研了国内外储能运行模式和商业模式研究现状，针对国内外典型商业模式的差异化，提出了储能规模化推广的商业模式；研究了在电力体制改革趋势下，能源供应模式和商业运行模式可能产生的变革；对储能市场化应用的敏感性因素进行了分析，提出了储能技术发展对外界政策和市场环境的需求。该部分内容由程伟、杜笑天和侯小贺撰写整理。

第5章介绍了新疆、甘肃和青海电网的可再生能源应用现状，提出了储能系统参与系统调频调压、降低弃风弃光率的应用模式。基于实际电网情况对储能系统提高电网安全稳定运行进行仿真分析，并给出了具体的储能系统配置方案及投资效益。该部分内容由杨水丽撰写整理。

第 6 章分别对大规模储能集群提升西北可再生能源基地外送能力工程示范、百兆瓦级储能电站协调西北特高压通道能源输送工程示范、广域布局分布式储能提升西北网源—网—荷协调响应能力的工程示范、多布点大规模储能统一协调控制研究及提升西北电网辅助服务能力工程示范及储能电站融合新能源发电的虚拟同步发电机技术及示范提出部署建议。该部分内容由李章溢撰写整理。

第 7 章在上述研究分析的基础上，对全书进行了总结，并给出了推进储能产业发展的相关政策建议。

本书得到了国家重点研发计划“10 MW 级液流电池储能技术（2017YFB0903504）”、国家电网公司项目“分布式储能装置及用户侧优化配置关键技术研究与示范（DG71—17—003）”、山西省科技厅项目“10 MW 级锂电池储能系统关键技术及工程示范（201603D112001）”和中国电科院创新基金“用户侧分布式储能系统聚合控制策略研究（DG83—18—005）”的资助，深表谢意。同时，感谢国网新疆电力公司经济技术研究院宋新甫、国网青海省电力公司李绚绚以及甘肃省电力科学研究院王定美等相关同志的积极参与和配合。

编写本书的初衷是否果如所求，有待通过实践验证。限于作者水平，书中疏漏之处在所难免，尚祈读者不吝赐教。

目　录

第 1 章　储能系统在区域电网中规模化应用需求分析

1.1　国内外储能应用现状及近期动向

在可再生能源发电及智能电网技术的驱动下，近年来国内外开展了多种新型储能技术的研究探索，并建成了多项大规模储能示范工程。至 2017 年底，全球累计运行储能装机容量 175.72 GW，其中抽水蓄能 167.62 GW（占比 95.39%），电化学储能 3.69 GW（占比 2.1%），储热 2.81 GW（占比 1.6%），其他机械储能 1.58 GW（占比 0.9%），储氢 0.02 GW（占比 0.01%），具体如图 1-1 所示。

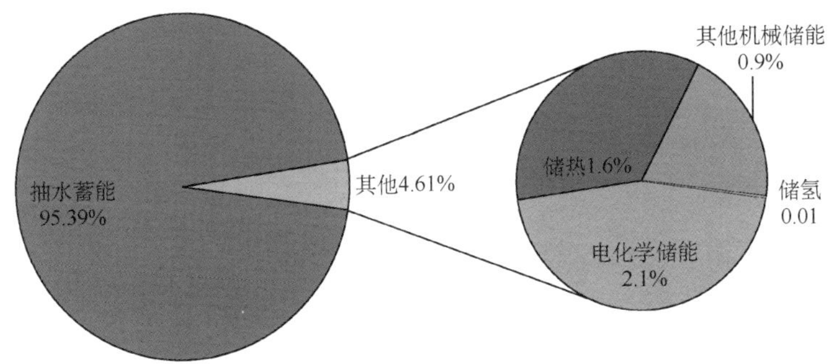

图 1-1　2017 年全球各储能项目类型装机情况

自 2010 年后各类型储能项目数逐年增长幅度以锂离子电池储能项目最大，如图 1-2a 所示。在电化学储能装机容量分析中，锂离子电池储能前期装机容量小，自 2011 年开始，其装机容量得到大幅提升，在电池储能中位列最高，如图 1-2b 所示。

从全球已有示范工程的功能应用上看，较多项目中储能应用于可再生能源并网领域，项目数占比为 39%；其次为输配电领域，项目数占比为 31%；分布式能源与辅助服务的项目数占比分别为 18%和 12%，如图 1-3a 所示。储能技术在各应用领域的项目数逐年增长趋势如图 1-3b 所示。自 2011 年后，储能在用户侧分布式能源领域的应用呈现快速增长的趋势。

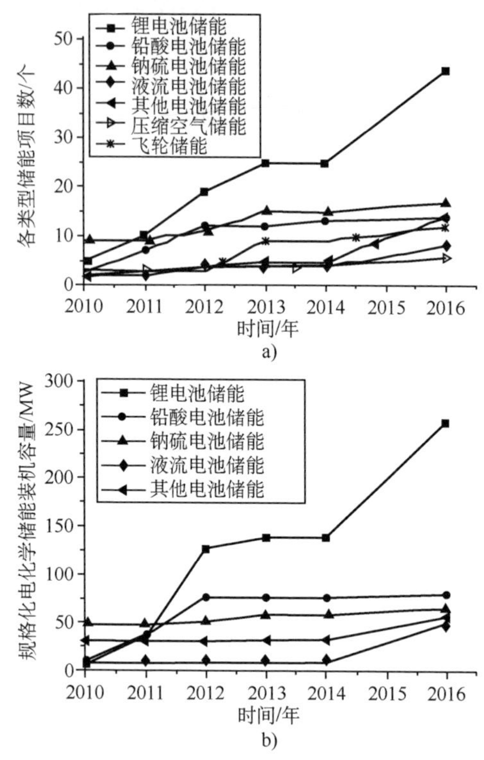

图 1-2　规模化各类型储能示范项目数与总装机增长趋势

a）各类型储能项目数增长趋势　b）各类型储能总装机增长趋势

由国外储能技术应用现状及近期动向分析可知，锂离子电池为当前最受关注的储能技术；大规模储能技术在可再生能源发电领域的应用，在项目数与装机容量上均处于快速增长的态势；储能技术在分布式发电与微电网领域的应用项目数量也有较快增长，并逐渐受到关注。

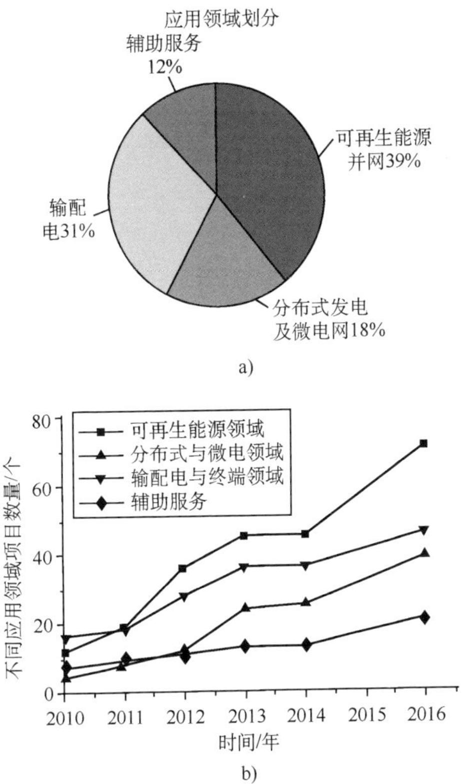

图 1-3　规模化储能在各应用领域中的项目数占比与增长趋势

a）储能在各应用领域中项目数占比　b）储能在各应用领域中项目数增长趋势

1.2　储能技术发展现状及趋势分析

按照储能载体技术类型，大规模储能技术可以分为机械类储能（抽水蓄能、压缩空气储能和飞轮储能等）、电气类储能（超导储能和电容储能等）、电化学储能（高温钠系电池、液流电池、铅蓄电池和锂离子电池等）以及热储能（显热储热技术、潜热储热技术、储冷技术和化学储热技术等）等。

1.2.1 机械类储能

1. 压缩空气储能

压缩空气储能系统是基于燃气轮机技术发展起来的一种能量存储系统，工作原理如图 1-4 所示。空气经压气机压缩后，在燃烧室中利用燃料燃烧加热升温，然后高温高压燃气进入透平膨胀做功。

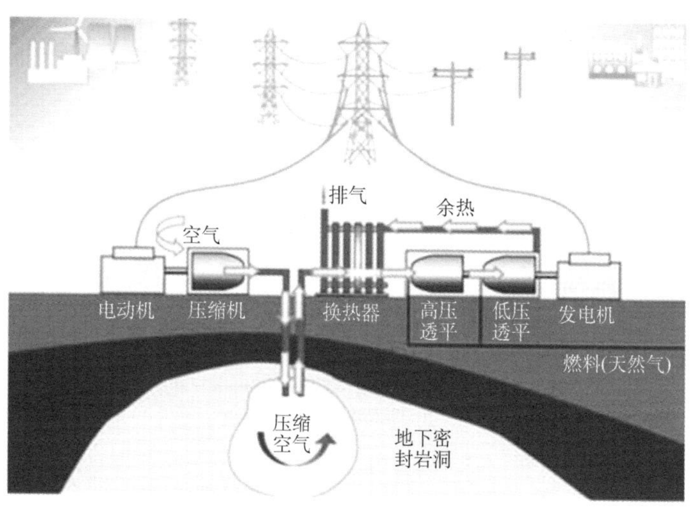

图 1-4 传统压缩空气储能原理示意图

近年来，国内外学者相继提出了带回热的压缩空气储能系统（AA-CAES）、液态压缩空气储能系统和超临界压缩空气储能系统等多种新型压缩空气储能技术，摆脱了对化石燃料和地下洞穴等资源条件的限制，不过目前基本还处于关键技术研究突破、实验室样机或小容量示范阶段。

传统使用化石燃料并利用地下洞穴的压缩空气储能规模可以达到数百兆瓦，效率可达 70%，建设成本 10000 元/kW。不依赖化石燃料和地理资源条件的新型压缩空气储能规模可达到数兆瓦到数十兆瓦，但目前成本较高，效率也低于 60%。

目前世界上已有两座大规模压缩空气储能电站投入了商业运行。第一座是 1978 年投入商业运行的德国 Huntorf 电站，目前仍在运行中。机组的压缩机功率为 60 MW，释能输出功率为 290 MW，系统将压缩空气存储在地下 600 m 的废弃矿洞中，矿洞总容积达 3.1×10^5 m^3，压缩空气的压力最高可达 10 MPa。机组可连续充气 8 h，连续发电 2 h。冷起动至满负荷约需 6 min，在 25%负荷时的热耗比满负荷高 211 kJ，其排放量仅是同容量燃气轮机机组的 1/3，但燃烧废气直接排入大气。该电站在 1979—1991 年期间共起动并网 5000 多次，平均可用率 86.3%，容量系数平均为 33.0%～46.9%。

第二座是于 1991 年投入商业运行的美国阿拉巴马州的 McIntosh 压缩空气储能电站。其储气洞穴在地下 450 m，总容积为 5.6×10^5 m^3，压缩空气储气压力为 7.5 MPa。该储能电站压缩机组功率为 50 MW，发电功率为 110 MW，可以实现连续 41 h 空气压缩和 26 h 发电，机组从起动到满负荷约需 9 min。该机组增加了回热器用于吸收余热，以提高系统效率。该电站由阿拉巴马州电力公司的能源控制中心进行远距离自动控制。

另外，日本、意大利和以色列等国也分别有压缩空气储能电站正在建设。而俄罗斯、法国、南非、卢森堡、韩国和英国也都在进行实验室研究。中国压缩空气储能技术研究起步较晚，目前尚无商业运行的压缩空气储能电站。中国科学院工程热物理研究所在国际上首次提出并自主研发出超临界压缩空气储能系统，并已建成 1.5 MW 超临界压缩空气储能示范系统。2014 年 11 月 11 日，由中国科学院、清华大学、江苏太阳宝新能源有限公司和上海电气联合承建的安徽芜湖热储能+压缩空气储能发电示范工程试运行首次成功发电。该项目是国家电网智能化示范项目，装机规模为 500 kW，建设的目的主要是为了验证热储能+压缩空气混合储能系统的整体效率和实际运行效果，通过示范项目的运行为日后建设大规模储能项目积累经验。

2．飞轮储能

飞轮储能结构如图 1-5 所示。飞轮储能具有功率密度高、使用寿命长和对环境友好等优点，其缺点主要是储能密度低和自放电率较高，目前主要用于改善电能质量、不间断电源等应用场合。近年来，国际上飞轮储能技术的开发和应用研究十分活跃，其中美国投资最多，规模最大，进展最快。国内从事飞轮研究的单位主要有北京航空航天大学和清华大学等。这两家大学合作，正在研发采用电磁轴承的飞轮储能系统，该系统采用高强度玻璃纤维/碳纤维多层复合材料的轮缘—高强度金属的轮毂、永磁直流无刷电动机/发电机、永磁悬吊式上阻尼、动压油膜螺旋槽轴承、挤压油膜下阻尼和真空密封。

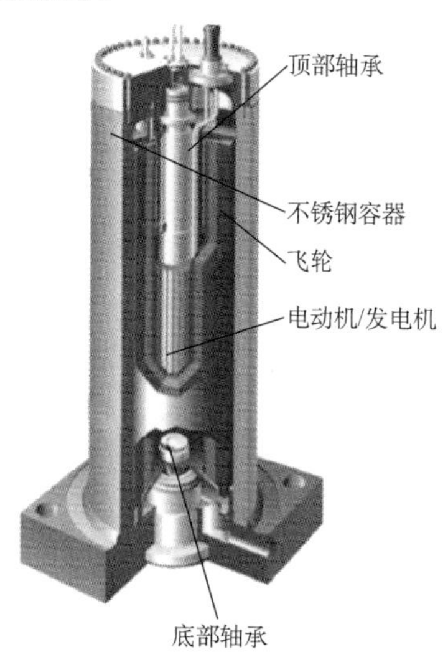

图 1-5 飞轮储能结构示意图

1.2.2 电气类储能

1．超级电容器储能

超级电容器储能在本质上是以电磁场来储存能量的，不存在能量形态的转换过程，具有效率高、响应速度快和循环使用寿命长等优点，适合在提高电能质量等场合应用。美国、日本、俄罗斯和韩国等国家凭借多年的超级电容器研究开发和技术积累，目前处于领先地位。具有代表性的单位包括美国 Maxwell 公司、日本 NEC 公司和俄罗斯的 Econd 公司等，这些公司目前占据着全球大部分市场。近年来，中国也逐渐开始重视超级电容器技术，上海交通大学、中国人民解放军总装备部防化研究院和成都电子科技大学等都开展了超级电容器的基础研究和器件研制工作。国内从事大容量超级电容器研发的厂家（如锦州锦荣公司、北京集星公司和上海奥威公司等）已具备一定的技术实力和产业化能力。

超级电容器分为双电层电容器和电化学电容器两大类。其中，双电层电容器的应用最为广泛，它采用高比表面积活性炭作为电极材料，通过炭电极与电解液的固液相界面上的电荷分离而产生双电层电容，其原理如图 1-6 所示。在充放电时发生的是电极/电解液界面的电荷吸附、脱附过程，而不是电化学反应。电化学电容器采用 RuO_2 等贵金属氧化物作电极，在氧化物电极表面及体相发生氧化—还原反应而产生吸附电容，又称为法拉第准电容。

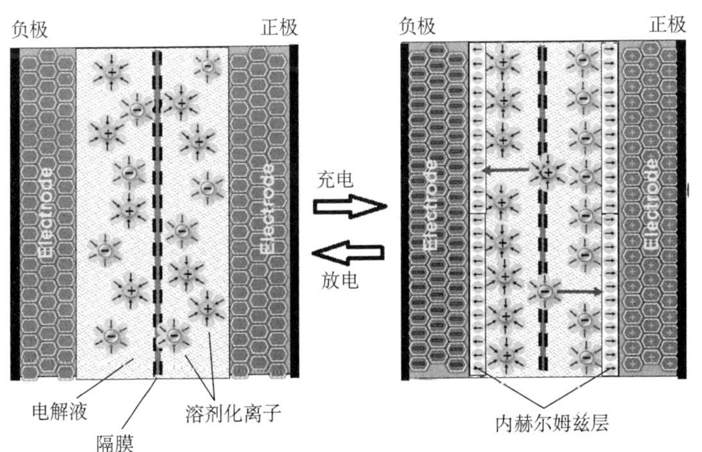

图 1-6　双电层电容器原理图

由于法拉第准电容的产生机理与电池反应相似，在相同电极面积的情况下，其电容量是双电层电容的几倍，但双电层电容器瞬间大电流放电的功率特性比法拉第电容器好。目前双电层超级电容器的成本较高，约为 500～1500 元/kW、1500～12000 元/kW • h，循环寿命达到 10 万次以上，能量转换效率大于 80%。

近年来，中国在浙江舟山、南麓岛的微电网示范工程中分别采用了 200 kW、1000 kW 超级电容器作为其中一种储能方式，由于超级电容器能量密度低，所以在其中的作用仅限于平抑风光波动。目前亚洲最大的超级电容器应用项目是上海洋山深水港项目，洋山深水港的 23 台港口起重机的每次用电会让局部电网发生 10～15 s 的电压波动，采用美国 Maxwell 公司的额定功率 3 MW 的超级电容器模块，工作时间 20 s 对电压波动起到缓冲作用，从而最大限度地降低对电网的影响。

2．超导储能

超导磁储能（Superconducting Magnetic Energy Storage，SMES）系统利用超导线圈通过变流器将电网能量以电磁能的形式储存起来，需要时再通过变流器馈送给电网或其他装置。超导混合磁体如图 1-7 所示。

图 1-7　中国电力科学研究院研制的超导混合磁体

SMES 系统直接存储电磁能，在超导状态下无焦耳热损耗，其电流密度比一般常规线圈高一二个数量级，因此具有响应速度快（约几毫秒至几十毫秒）、转换效率高（≥95%）、储能密度大（10^8 J/m^3）以及质量比能量（1～10 W·h/kg）/质量比功率（10^4～10^5 kW/kg）高的优点，可以实现与电力系统的实时大容量能量交换和功率补偿；而限制其广泛应用的缺点在于低温超导储能装置的低温系统技术难度大，冷却成本太高。

SMES 不仅可用于解决电网瞬间断电对关键用电负荷的影响，而且可用于降低和消除电网低频功率振荡，改善电网电压和频率特性，调节功率因数，实现输配电系统动态管理和电能质量管理，提高电网暂态稳定性和紧急事故应变能力。表 1-1 列举了不同规模 SMES 系统的分类与主要用途。

表 1-1 不同规模 SMES 系统的应用

项目	规模	布点	应用功能
微型 SMES	100 kW·h 以下	负载端	用户电力技术解决方案，提供敏感和重要负载的电源
小型 SMES	0.1 MW·h 等级	负载端， 长距离输电线端， 35 kV 等级发电厂， 光伏发电和风力发电系统	改善稳定性， 小波动负载调平， 电压波动调节， 间断型电源调平输出
中型 SMES	10 MW·h 等级	配电站， 154～275 kV 等级发电厂	大波动负载调平， 电压波动调节， 频率调节及瞬时备用功率， 提高电源可靠性
大型 SMES	1 GW·h 等级	500 kV 电压等级发电厂，适合于大型 SMES 装置的一切其他地点	减少传输容量和电站建设， 减少输电损失， 频率调节和功率调节， 防止中间连接功率波动， 阻尼线路振荡， 提高系统稳定性和可靠性

20 世纪 90 年代以来，低温超导储能在提高电能质量方面的功能被高度重视并得到积极开发，美国、德国、意大利和韩国等

也都开展了兆焦级 SMES 系统的研发与示范运行。但低温超导储能装置由于其低温系统技术难度大、冷却成本高而发展受限。相对比而言，高温超导材料技术近年来取得很大进展。目前 Bi 系高温超导带材（也称第Ⅰ代带材）已实现商品化，其性能已基本达到电力应用要求，为高温超导电力技术应用研究奠定了基础。

在国内，中国科学院电工研究所、清华大学、华中科技大学和中国电力科学研究院等单位开展了 SMES 的研究工作。中国科学院电工研究所于 1999 年成功研制了国内第一台微型 SMES 样机；清华大学已研制出两台用于改善电能质量的低温超导储能装置；华中科技大学致力于高温超导 SMES 的研究工作，并在国家“863”计划资助下，联合西北有色金属研究院、等离子体物理研究所和浙江大学等单位于 2005 年成功研制了国内第一套全部采用国产高温超导带材的直接冷却 HTc—SMES（35 kJ/7 kW）系统；中国电力科学研究院基于第Ⅱ代高温超导体 YBCO 超导线材，研究并构造出适于高温区运行、高质量比能量和高质量比功率的千焦级 SMES 储能单元，对 YBCO 超导线材 SMES 储能单元设计、构造、控制和保护、功率变换器以及 SMES 装置在电力系统的应用等关键科学和技术问题进行了研究和探索。

1.2.3 电化学类储能

1. 高温钠系电池

高温钠系电池包括钠硫电池（Na-S）和钠盐（Na-NiCl，Zebra）电池，工作温度范围分别为 300～350 ℃和 250～300 ℃，其结构如图 1-8 所示。高温钠系电池主要由作为固体电解质和隔膜的 Beta-Al_2O_3 陶瓷管、钠负极、硫正极、集流体以及密封组件组成，钠硫电池的基本化学反应式为

正极：
$$2Na - 2e^- = 2Na^+ \tag{1-1}$$

负极：
$$S + 2e^- = S^{2-} \tag{1-2}$$

总反应式：
$$2Na + xS = Na_2S_x \tag{1-3}$$

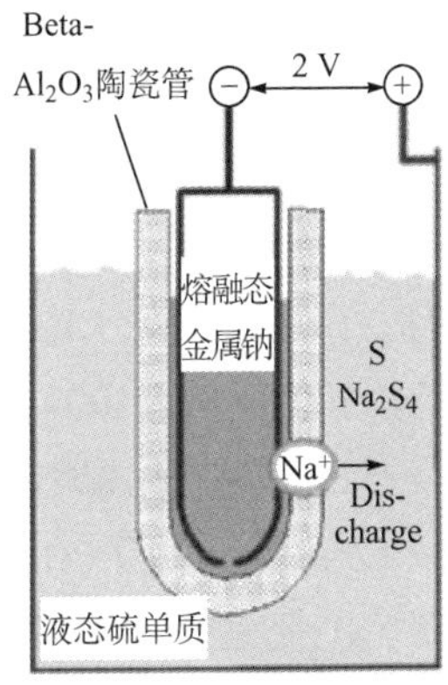

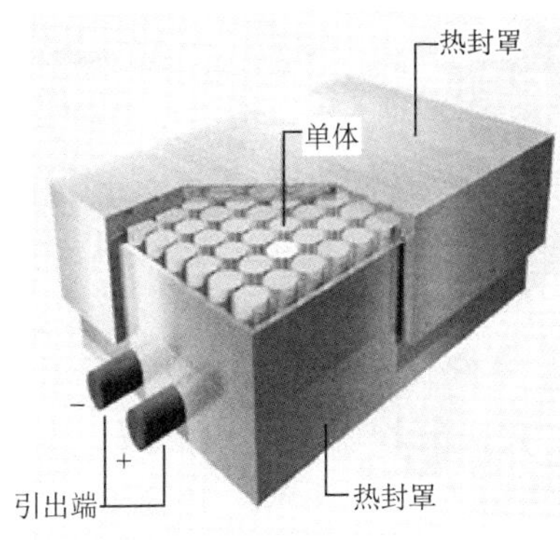

图 1-8　高温钠系电池原理示意图

截止 2016 年底，钠硫电池的成本约为 2500 元/kW • h，循环寿命 4500 次，能量转换效率大于 83%。根据应用需求，可由钠硫电池模块级联构成大规模储能系统。

钠硫电池经过多年的商业化应用，具有先发优势，积累了较多的工程应用经验，可根据应用需求通过钠硫电池模块组合使系统规模达到兆瓦级别；且钠硫电池具有能量密度大、无自放电、原材料钠硫易得以及不受场地限制的优点。其缺点是倍率性能差，充放电能力不对称，而且电池寿命有限，成本高。另外，钠硫电池在高温运行时，金属钠和单质硫均是液态，存在安全隐患。

目前关于钠硫电池技术研究的代表性机构是日本的 NGK 公司。NGK 公司是目前世界上唯一的钠硫电池供应商，在钠硫电池领域具有绝对的专利技术优势。日本新能源产业技术综合开发机构（The New Energy and Industrial Technology Development Organization，NEDO）对于钠硫电池技术尤其重视，不仅在前期研发给予无偿资金支持，扶持大量示范性项目，还在其投入商业化运作后继续进行补贴，极大地促进了钠硫电池技术的发展。早在 2000 年 8 月～2002 年 2 月期间，NGK 公司在日本 NEDO 的支持下，将 400 kW/800 kW • h 钠硫电池系统与 500 kW 风电机组集成，在丈八岛风电场开展并网示范。2008 年 5 月，在日本青森县安装 34 MW 钠硫电池系统用于平滑 51 MW 风电场的出力。

对于钠氯化镍电池技术，国外主要是美国 Argonne 国家实验室、加州技术研究所的 Jet 推进实验室以及美国 GE、德国 BMW 等公司在进行研究。国内主要是中国电力科学研究院上海硅酸盐研究所在从事钠硫电池与钠氯化镍电池技术的研究。2009 年 5 月起，中国电力科学研究院开始与 GE 公司进行钠氯化镍电池技术的合作，结合 GE 公司在电池技术和中国电力科研究院在系统集成技术方面的优势，共同探索钠-氯化镍电池在电力系统储能应用的前景。

日本 NEDO 发布的关于钠硫电池至 2030 年技术发展路线中，详细说明了在未来 20 年内钠硫电池技术经济指标在各时间节点预计要达到的水平，如图 1-9 所示。NEDO 以 5 年为间隔展示了 2010—2030 年钠硫电池成本从 25000 元/kW 降至 3000 元/kW 的变化趋势。

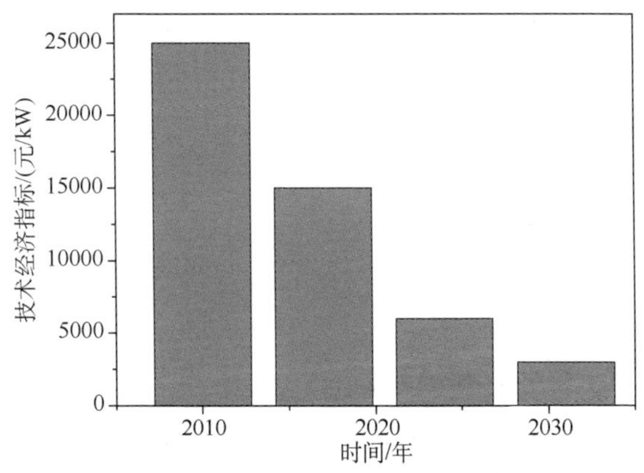

图 1-9　日本 NEDO 关于钠硫电池技术经济指标的规划

美国能源部（Department of Energy，DOE）在 2010 年底发布的关于储能技术应用研究的最新报告中，也针对钠硫电池在未来 20 年内要达到的经济指标进行了规划，DOE 预计钠硫电池在目前

3000 美元/kW 的水平上，到 2020 年降至 2000 美元/kW，在 2030 年降至 1500 美元/kW。

从钠硫电池目前的经济技术指标及日本和美国对于这种电池技术在未来 20 年内的规划来看，其成本虽然预计有较大幅度的下降，但仍明显高于锂离子电池，而且因为钠硫电池体系已经定型，高温运行以及液态金属钠、单质硫的化学活性决定了其安全隐患无法根本消除，而全固态锂离子电池则有望解决安全问题。所以，从经济性与安全性两方面来看，钠硫电池这种高温电化学储能技术并不适合作为主要攻关方向。

2．液流电池

氧化还原液流电池（Flow Redox Cell），简称液流电池，由美国航空航天局（NASA）资助设计，1974 年由 Thaler L. H. 公开发布。液流电池的活性物质以液态形式存在，既是电极活性材料又是电解质溶液，分装在两个储液罐中，各有一个泵使溶液流经液流电池电堆，在离子交换膜两侧的电极上分别发生还原反应和氧化反应，原理如图 1-10 所示。

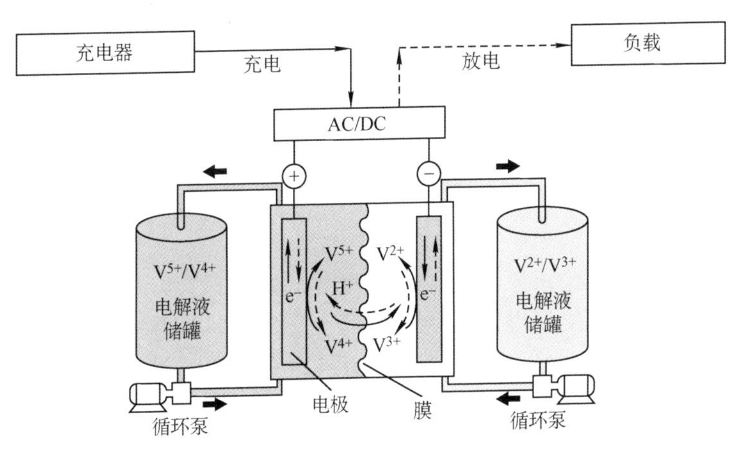

图 1-10　液流电池工作原理图

当前主要的液流电池研究体系有多硫化钠-溴体系、全钒体系、锌-溴体系和铁-铬体系。其中，全钒体系发展比较成熟，具备兆瓦级系统生产能力，并已建成多个兆瓦级工程示范项目。

目前，全钒液流电池系统成本约为 10000 元/kW+2500 元/kW•h，循环寿命1万次以上，使用寿命超过10年，能量效率60%，运行环境温度 0～40 ℃，能量密度 15～25 W•h/L。全钒液流电池具有如下优点：在电池反应过程中，钒离子仅发生价态变化，而无相变，且电极材料本身不参与反应，电池寿命长；输出功率取决于电池堆的大小，储能容量取决于电解液储量和浓度，功率和容量独立设计；在常温、常压条件下工作，无潜在的爆炸或着火危险，安全性好等。其缺点有能量效率低、能量密度低以及运行环境温度窗口窄，而且相对于其他类型的储能系统，增加的管道、泵、阀和换热器等辅助部件使得全钒液流电池更为复杂，从而导致系统可靠性降低。

2005 年，日本住友电工公司在 Subaru 风电场安装 4 MW/6 MW•h 储能系统。2010 年以来，北京普能公司的 500 kW/1 MW•h 和 2 MW/8 MW•h 全钒液流电池系统分别应用在张北国家风电检测中心和国家风光储输示范项目一期工程。2013 年，大连融科公司的 5 MW/10 MW•h 全钒液流电池系统应用在龙源电力股份有限公司卧牛石风电场。2012 年 7 月，住友电工公司在日本横滨建造了一座由峰值功率为 200 kW 聚光型太阳能发电设备（CPV）和一套 1 MW/5 MW•h 全钒液流电池储能系统构成的并与外部商业电网连接的电站。

目前，全钒液流电池主要应用在对储能系统占地要求不高的大型可再生能源发电系统中，用于跟踪计划发电、平滑输出等提升可再生能源发电接入电网能力。在全钒液流电池示范工程的应用中，国内外普遍面临能量效率低、成本高等问题。除此之外，国内还需要解决系统的可靠性和关键材料的国产化等问题。

3．铅蓄电池

普通铅酸蓄电池的能量密度为 30～40 W•h/kg，功率密度为

150 W/kg，循环寿命为 1000 次左右（80%充放电深度），能量转换效率为 80%，电池价格为 1000 元/kW。铅酸蓄电池具有安全可靠、价格低廉、技术成熟、工作温度宽、再生利用率高、性能可靠、适应性强以及可制成免维护的密封结构等优点，在汽车起动电源、UPS 及 EPS 等传统领域中，铅酸蓄电池在未来的 20 年内很难被其他二次电池取代，仍将在电池市场中占主导地位。但在新能源储能领域（重复充放电循环应用），传统固定式铅酸蓄电池由于循环寿命低（低于 800 次），无法满足储能应用所需 3000 次以上的循环寿命需求，其总体成本优势难以体现出来，于是新型铅酸蓄电池应运而生。目前，世界众多研究机构和公司均已重点关注长寿命铅酸蓄电池和铅炭电池在储能领域的研究、开发与应用。

日立新神户电机从 2000 年起，开发储能用先进长寿命 VRLA 铅酸蓄电池，用于电力储能以及平滑电池功率输出，同时开始试验验证，目前开发的先进铅酸蓄电池预期寿命为 15 年，循环次数达 3000 次[60%的放电深度（Depth of Discharge，DOD）]，2007 年后在大规模风力发电厂开始应用；2009 年日立新神户电机将 1500 A•h 先进长寿命铅酸蓄电池分别应用于五所川原市市浦风电厂的 10 MW 储能系统和游佐风电厂的 10 MW 储能系统的示范工程。

铅炭电池是在传统铅酸蓄电池的铅负极中以“内并”或“内混”的形式引入具有电容特性的炭材料而形成的新型储能装置。铅炭电池结构如图 1-11 所示，正极是二氧化铅（PbO_2），负极是铅炭（PbC）复合电极。铅炭电池的开路电压为 2.1 V，基本的电池反应为

$$\text{正极：}PbO_2 + 3H^+ + HSO_4^- + 2e^- \Leftrightarrow PbSO_4 + 2H_2O \tag{1-4}$$

$$\text{负极：}Pb + H_2SO_4^- \Leftrightarrow PbSO_4 + 2e^- + H^+ \tag{1-5}$$

$$\text{总反应：}PbO_2 + Pb + 2H_2SO_4 \Leftrightarrow 2PbSO_4 + 2H_2O \tag{1-6}$$

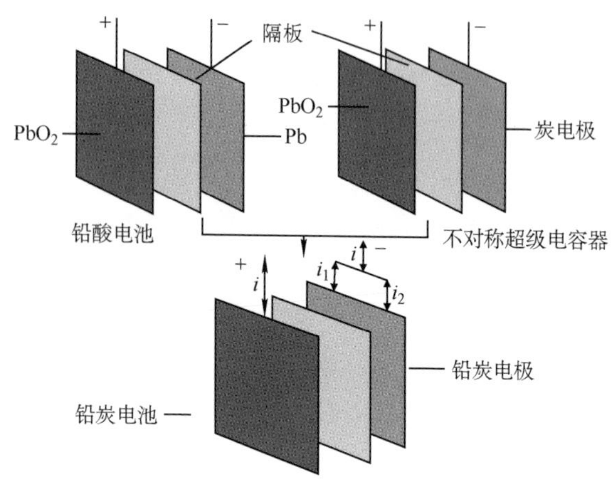

图 1-11 铅炭超级电池原理图

目前铅炭电池的成本价格为 1300 元/kW，质量比功率为 500～600 W/kg，质量比能量为 30～55 W • h/kg，能量转换效率 90%左右，循环寿命 2500～3000 次（100%深度充放电）。

铅炭电池兼具传统铅酸蓄电池与超级电容器的特点，能够大幅度改善传统铅酸蓄电池各方面的性能，其技术优点是：①充电倍率高；②循环寿命长，是普通铅酸蓄电池的 4～5 倍；③安全性好；④再生利用率高（可达 97%），远高于其他化学电池；⑤原材料资源丰富，成本较低，为传统铅酸蓄电池的 1/3 左右。

铅炭电池虽然相比传统铅酸蓄电池在性能方面有较大提升，但是使铅炭电池性能提升的关键炭材料的作用机制目前仍不明确，缺乏对于铅炭电池储能机理的清晰认识，而且炭材料的加入易产生若干负面效应，例如使负极易析氢、电池易失水等这些有待于研究解决的问题。从目前铅炭电池的技术水平来看，虽然寿命有大幅提高，但是综合性能与电网大规模储能应用的要求仍有一定距离。

目前国际上关于铅炭电池技术研究的代表性机构有澳大利亚联邦科学及工业研究组织（CSIRO）、美国东宾公司、日本古河公司与日立公司等。铅炭电池是 CSIRO 在 2004 年首先提出的，之后日本古河公司和美国东宾公司获得 CSIRO 的专利授权，开始超级蓄电池的研究开发工作。2011 年在美国能源部（DOE）的资助下，宾夕法尼亚州 Lyon Station 储能示范项目中采用了东宾公司的 3 MW/1～4 MW·h 铅炭超级电池储能系统，用于对美国 PJM 电网提供 3 MW 的连续频率调节服务；澳大利亚新南威尔士州汉普顿风电场也采用了 500 kW/2.5 MW·h 铅炭超级电池储能系统，用于平滑风力发电波动。

国内在铅炭电池研究上起步较晚，代表性研究机构主要有中国电力科学研究院、解放军防化研究院和浙江南都电源公司等单位。2013 年中国电力科学研究院和浙江南都电源公司合作对铅炭电池关键炭材料作用机理及匹配技术进行了初步探索。

尽管铅炭超级电池在循环寿命、质量比功率和质量比能量等各项关键性能指标上均优于传统铅酸蓄电池，并在新能源示范工程项目中得到了验证，但铅炭电池目前的技术水平仍有待进一步提高，铅炭复合电极提高电池循环寿命的内在机理并不十分明确，复合电极制造技术仍需进行进一步深入研究。适合铅炭电池用的炭材料制造技术只有美国 EnerG2 等少数公司所掌握，炭材料价格昂贵，且铅炭电池存在析氢现象；铅酸蓄电池的理论质量比能量为 166 W·h/kg（包含硫酸重量，假设单体电池电压为 2 V），而目前铅炭电池装置仅为 30～55 W·h/kg，只有理论质量比能量值的 20%～33%，铅炭电池的巨大潜能仍未发挥出来。

4．锂离子电池

锂离子电池是目前质量比能量最高的实用二次电池，其原理如图 1-12 所示。锂离子电池由正极、负极、隔膜和电解液组成，其材料种类丰富多样，其中适合做正极的材料有锰酸锂、磷酸铁锂和镍钴锰酸锂，适合做负极的材料有石墨、硬（软）碳和钛酸锂等。

截止 2017 年底，锂离子电池的寿命一般为 2000～3000 次，成本为 2000 元/kW·h，折合成使用成本为 0.7～1 元/kW·h·次。

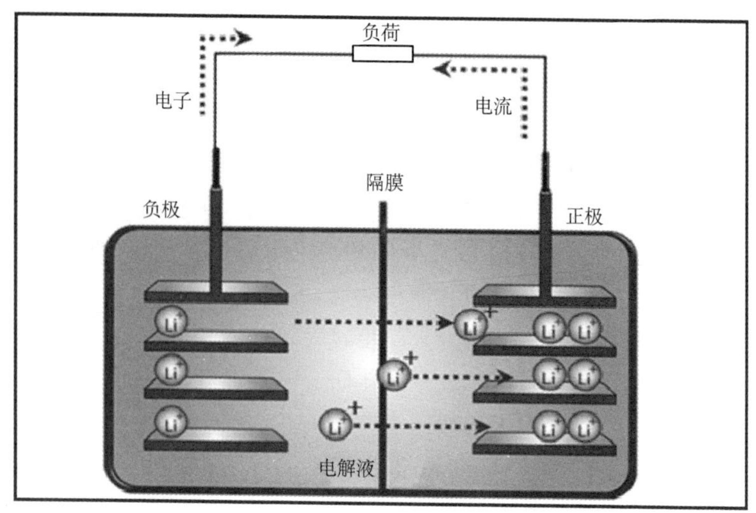

图 1-12 锂离子电池内部结构及原理示意图

锂离子电池的主要优点包括：①储能密度和功率密度高；②效率高；③应用范围广；④关注度高，技术进步快，发展潜力大。主要缺点是：①由于采用有机电解液存在较大的安全隐患，安全性有待提高；②技术和经济性指标尚不能满足储能应用所期望的循环寿命≥15000 次，成本≤4500 元/kW·h，使用成本≤0.3 元/kW·h·次的要求。

在目前世界各国的锂离子电池储能示范工程中，除了安全隐患问题，锂离子电池主要存在的仍然是锂离子电池的寿命和成本问题。归根结底，主要原因是目前用于储能示范工程的锂离子电池仍是针对电动汽车应用的动力电池技术需求而开发的，以动力电池本体为基础开发的面向储能领域的应用，包括储能电池成组技术以及监控技术等并未涉及电池本体的针对性研发，因此导致电池本体性能与储能应用在寿命、成本及安全性方面的需求差距较为显著。近一两年来，以美国和日本为代表的发达国家对于储能电池的发展路线进行了探索，在实现电池的长寿命、低成本和高安全性方面取得了一定的进展。中国电力科学研究院基于近几年在储能领域的研究，提出为了实现锂离子电池在储能领域的大规模应用，必须舍弃以往专注于提高能量密度和功率密度的研发思路，转而专门开发以长寿命、低成本和高安全性为突出特征的储能电池的观点，该观点得到了国内外相关研究机构的普遍认同。

目前针对长寿命电池的研究，以零应变材料为代表的长寿命电池材料是目前的研究热点，而基于此类材料的电池凭借其优异的长寿命特性成为现阶段电池储能领域最具应用潜力的锂离子电池。钛酸锂材料是目前零应变材料中最为典型的代表，基于钛酸锂负极材料的锂离子电池目前寿命能够达到 10000 次以上，成本是磷酸铁锂电池的 3～5 倍。钛酸锂电池的主要优点是寿命长、功率密度高。主要缺点是成本较高，与储能应用要求的技术经济性指标差距较大。目前磷酸铁锂电池性能与储能应用指标差距最大的是寿命和成本因素，而钛酸锂电池性能与储能应用指标差距最大的是成本因素，已成为制约其在储能领域规模化应用的瓶颈。

1.2.4　热储能

1. 显热储热技术

显热储热技术已应用于电力调峰、风电和太阳能等新能源以及工业废余热回收利用等领域。以西班牙太阳能热发电站 Gemasolar（见图 1-13）为例，该电站装机容量 19.9 MW，年发电量高达约 110 GW•h，其采用了熔盐储热系统，温度可超过 500 ℃，在没有日照情况下，通过加热水蒸气，驱动涡轮机持续发电 15 h。与没有储热能力的发电站相比，能多产生 60%的电能，足够支撑 3 万户西班牙家庭消费。该电站于 2011 年投入运营，是世界上第一座全天可持续发电的太阳能热发电站。

美国新月沙丘电站于 2016 年 2 月 22 日在内华达州正式并网发电，并实现 110 MW 的满功率输出。该电站采用塔式熔盐技术，并搭配 10 h 的储热系统，首次在 100 MW 级规模上成功验证塔式熔融盐技术的可行性。熔融盐显热储热技术已经成为太阳能光热发电中储热技术的趋势。

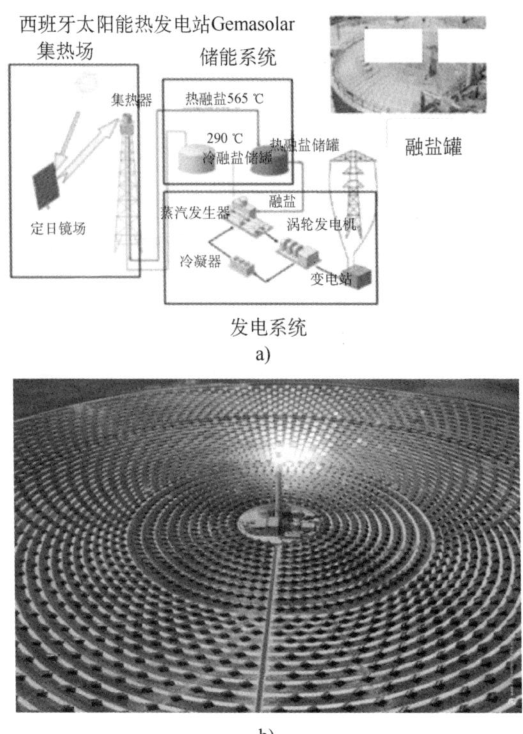

a)

b)

图 1-13 Gemasolar 电站

a）Gemasolar 发电流程图 b）Gemasolar 电站实景图

中国在显热储热技术领域技术成熟度高，在工业节能技术领域、供暖行业都已有较多的应用案例。但在高端的技术领域，尤其是太阳能光热技术领域，熔融盐技术与国外先进技术相比，尚存在较大差距。

目前，中国科学院电工研究所的八达岭太阳能热发电试验电站带有两级储热系统，采用导热油和高温蒸汽进行储热，满足 1 h 满负荷发电要求。同时建有熔融盐双罐储热试验平台，正在开展熔融盐吸热、储热的理论和试验研究。在熔融盐罐性能研究方面，江苏太阳宝新能源有限公司自主设计研发的光热发电储热示范系统已于 2013 年 2 月底正式投运。该储热示范系统的储热设计容量为 20 MW • h，储热温度最高达到 600 ℃，可产生温度在 350 ℃以上的过热蒸汽。国内商业化运营的光热发电项目均采用国外技术。中控太阳能德令哈 50 MW 塔式太阳能热发电站一期 10 MW 成功投运，采用水为工质，后期 40 MW 将采用熔盐作为工质。中国首航光热敦煌 110 MW 塔式电站，配备 15 h 超长储热系统，已进入建设阶段。

2．潜热储热技术

2011 年，德国宇航中心研制了应用于光热电站的显热/潜热混合储能试验系统，储热容量为 1 MW • h，潜热部分采用了硝基盐（306 ℃），显热部分采用了混凝土（500 ℃），经过 4000 h、172 个循环的测试，系统性能仍然稳定。显热/潜热混合储能试验系统如图 1-14 所示。

美国 Naval 实验室设计的输出功率为 50 kW 的相变储能锅炉，直径 23 m，高 23 m，可储存 250 kW • h 的热量，维持发电 6 h。该锅炉包括若干储能罐，每一罐内装有共晶盐相变储能材料。在需要蒸汽时，泵将热交换工作流体从上部喷至储热罐，吸热后工作流体蒸发、升压，其蒸汽上升至顶部蒸汽发生器，水在此被加热并转换成蒸汽，可用于供热和发电。日本 Comstock 和 Wescott 公司也具备设计和制造单位面积传热量达 20 MJ 的相变储能蒸汽发生器的能力。

英国 GEC 电力工程公司研制的中小型电热储能热水锅炉采用耐火砖作为储热元件，把夜间的电能通过电热丝将储热元件加热至 750 ℃，并将热能储存起来，次日用空气作为加热介质，加热热交换管里的水供生活用。德国 RUBITHERM 公司已开发出相变储能模块商业化产品，并应用于柏林热带温室植物园保持室温恒定。该植物园运用两个敷设相变储能材料的热量存储塔，使植物园内达到 25 ℃恒温。单个存储塔包含 100 个相变储能模块，每个存储模块的存储热能为 110 kW • h。

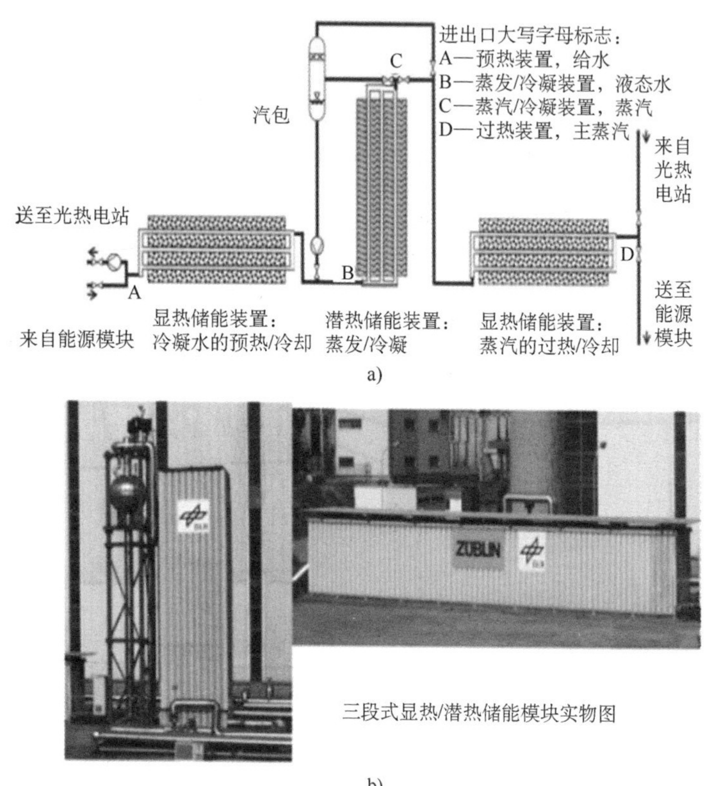

图 1-14 显热/潜热混合储能试验系统

a）结构示意图 b）实景图

中国在低温小容量相变储能方面有比较多的应用。广东工业大学研制的 7.6 kW 电热相变储能体换热器，通过电热管将谷期 8 h 的电力转换成 52 kW • h 的热能，使金属相变材料熔化并将能量储存起来；释热时常温空气进入换热管后被加热，并用于工业干燥或民用采暖。2011 年 4 月成立的中德合资企业极地熊（上海）储能技术有限公司，从德国引进相变储能技术，主要用于节能建筑、余热回收与利用、公共事业、日常供暖和生活用水等领域。2013

年，北京大学利用相变材料示范了节能太阳屋。

中高温大容量相变储能系统目前还处于试验阶段。北京工业大学传热强化与过程节能重点实验室马重芳教授正在开展熔盐自然对流及混合对流传热的研究，以及高温混合熔盐的配制和高温热物性测试。2012 年中国科学院过程工程研究所和英国伯明翰大学合作研究了一系列高性能复合结构储热材料的配方、制备和成型方案，并建立了基于相变储热的节能示范微能源系统（见图 1-15)，用于余热回收。微能源系统采用复合相变材料进行低温和高温储热，其热量用于预热空气，提高压缩空气的发电效率。

图 1-15　基于相变储热的节能示范微能源系统

综上所述，相变储能技术已在多个民用及工业领域得到广泛应用，并有了长足进步和发展，欧美日开展相变储能技术研究的基础较好，技术相对成熟，研究机构较多，掌握有相变储能的核心关键技术；特别在中高温相变储能领域，国外的研发较早，具有完整的技术储备与产品制造能力，并已经有一些成功的示范项目，相变储能系统集成技术成熟，值得国内借鉴。中国在大容量中高温相变储能系统的研究起步较晚，基础相对薄弱，相应技术尚处于研发与试验阶段。

3. 储冷技术

储冷技术多用于空调系统与冷藏运输等。图 1-16 为美国芝加哥冰蓄冷区域供冷工程，其总蓄冰量为 438 MW • h，蓄冰槽体长

35 m，宽 28 m，高 10 m。

图 1-16 美国芝加哥冰蓄冷区域供冷工程

在国内，图 1-17 为上海浦东国际机场大规模水蓄冷系统，其总蓄冷量为 412 MW·h，包含两个直径 26 m、高 23.7 m 的储水罐。

图 1-17 上海浦东机场水蓄冷系统

1.2.5 氢储能

氢储能技术是通过电解把水分解成氢和氧，实现电能到化学能的转化，技术原理如图 1-18 所示（碱性电解制氢），基本结构包括电解槽箱体、电解液、负极、正极和隔膜等，基本的电池反应式为

正极： $2OH^- - 2e^- = H_2O + 1/2O_2\uparrow$ （1-7）

负极： $2H_2O + 2e^- = 2OH^- + H_2\uparrow$ （1-8）

总的电池反应式： $H_2O = H_2\uparrow + 1/2O_2\uparrow$ （1-9）

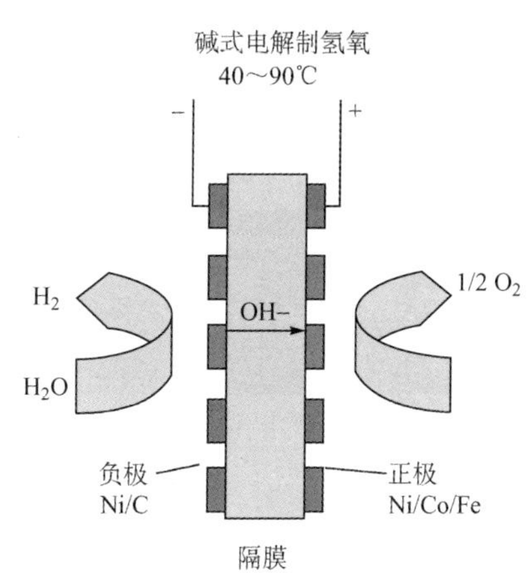

图 1-18　氢储能原理示意图

目前的电解制氢技术生产 1 m^3 的氢气耗电量为 4.5～5.5 kW•h，1 m^3 的氢气理论发电量约为 2.5 kW•h，再加上管道输送的损耗，总的效率低于 50%。

氢储能技术的优点：首先，氢是一种高能燃料，其单位燃烧热值为 1.4×10^8 J/kg，是除了核燃料外已知最高的燃烧值；其次，氢能不产生任何污染物，且可形成大规模的储能。氢储能技术的缺点有能量转换效率低、成本高、需要的基础设施投入大及存在安全性问题等。

目前国际上许多国家都非常重视氢能的开发利用，例如欧盟、美国和俄罗斯等。具有代表性的研究机构有德国迈克菲能源公司、冰岛的雷克雅未克能源可持续系统研究院和美国可再生能源国家实验室等。国内的清华大学、同济大学和中国科学研究院等科研单位也在进行相关的研究工作。中国在氢能开发及应用领域的技术研发工作起步较晚，无论是在基础研究、系统集成还是在示范运行等多方面都与国际先进水平有一定差距。

总体来看，氢储能技术的大规模应用尚需要在关键材料开发、系统集成技术研究和配套设施研制等各方面实现重大突破后才能有望实现。氢储能与可再生能源结合前景广阔，国际上多数国家均重视氢能的开发和利用，目前尚处于技术积累阶段。

1.2.6　储能成本分析

根据各主流技术厂商就储能技术当前与未来性能和成本、几种储能技术成本下降趋势如下所述。

1．物理储能

（1）压缩空气储能

到 2020 年，系统功率等级由 2015 年的 1～10 MW 级提升至 100 MW 级，系统能量转化效率由 2015 年的 50%～60%提升至 65%以上，系统功率成本由 2015 年的 6000～10000 元/kW 降低至 4000～5000 元/kW，系统容量成本由 2015 年的 2000～2500 元/kW • h 降低至 1000～1500 元/kW • h。

（2）飞轮储能

到 2020 年，质量比功率由 2015 年的 4500 W/kg 提升至 8000 W/kg，质量比能量由 32 W • h/kg 提升至 120 W • h/kg，能量转换效率保持在 95%以上，功率成本由 1700 元/kW 左右降至约 1600 元/kW，且基本稳定，储能成本由 45500 元/kW • h 左右降至约 32500 元/kW • h。到 2030 年，质量比功率提升至 24000 W/kg，质量比能量提升至 3600 W • h/kg，储能成本降至 19500 元/kW • h 左右。未来，质量比功率提升至 48000 W/kg，质量比能量提升至 12000 W • h/kg，储能成本降至约 9750 元/kW • h。

2．电磁储能

（1）超导储能

现阶段，超导储能的功率密度为 5000 W/kg，功率成本 6500～7000 元/kW。到 2020 年，超导储能功率成本将会明显下降。

（2）超级电容

现阶段，超级电容的质量比功率为 1000～10000 W/kg，系统效率大于 90%，循环次数达百万次，功率成本为 500～1500 元/kW，容量成本为 1500～12000 元/kW • h。到 2020 年，超级电容功率成本将会明显下降。

3．化学储能

（1）铅蓄电池

到 2020 年，质量比功率由 2015 年的 150～500 W/kg 提升至 300～800 W/kg，质量比能量由 25～50 W • h/kg 提升至 40～

60 W • h/kg，循环次数由 1000～3000 次提升至 3000～6000 次，储能成本由 800～1300 元/kW • h 降至 500～600 元/kW • h，与传统铅蓄电池成本基本持平。

（2）锂离子电池

到 2020 年，质量比功率由 2015 年的 1500～3000 W/kg 提升至 2500～4500 W/kg，质量比能量由 100～220 W • h/kg 提升至 140～300 W • h/kg，循环次数由 3000～6000 次提升至 6000～8000 次，成本由 4500 元/kW • h 降至 1500 元/kW • h。

（3）钠硫电池

到 2020 年，保持质量比能量 88 W • h/kg 左右，循环次数 4500 次，能量转换效率由 2015 年的 87%提升至 92%，储能成本由 2200～2300 元/kW • h 降至 1300～1400 元/kW • h。

（4）液流电池

到 2020 年，质量比能量由 2015 年的 7～15 W • h/kg 提升至 10～20 W • h/kg，系统效率由 65%～75%提升至 75%～85%，循环次数大于 10000 次，储能成本由 3500～3900 元/kW • h 降至 2800～3000 元/kW • h；锌溴电池的质量比能量由 65 W • h/kg 提升至 75 W • h/kg，系统效率由 60%～70%提升至超过 70%，储能成本由 2500～3000 元/kW • h 降至 2000～2200 元/kW • h。

1.3　储能系统在含大规模化能源基地电网中的应用需求分析

1.3.1　储能在发电领域的应用

储能在发电领域中的应用主要体现在：通过储能技术快速响应速度，在进行辅助动态运行时提高火电机组的效率，减少碳排放；避免动态运行对机组寿命的损害，减少设备维护和更换设备的费用；可以降低或延缓对新建发电机组容量的需求。

另外，随着多地电网在夏季负荷高峰时段出现不同程度的供电紧张问题，电网调峰压力巨大。储能可实时调整充放电功率及充放电状态，储能建设在电网侧可具备 2 倍于自身装机容量的调峰能力，规模化配置后，可提供高效的削峰填谷服务，有效缓解地区电网调峰压力，延缓配电网投资建设。另一方面，储能建设在电网侧还能够辅助调整系统频率，提供无功电压支撑，调节区域电网潮流，提高电网运行灵活性和稳定性，对于未来含有大规模分布式新能源接入的电网而言，是重要的电网调节手段。

江苏省镇江 101 MW/202 MW • h 电网侧分布式储能电站工程于 2018 年 7 月 18 日正式并网投运，成为了目前国内规模最大的电网侧储能电站项目。有别于应用在平滑新能源出力波动、跟踪调度计划指令、增加消纳水平或参与联合调频辅助服务等场景的电源侧储能电站，或应用在削峰填谷、需量管理及需求响应等场景的负荷侧储能电站，电网侧储能电站主要面向电网调控运行，能够满足区域电网调峰、调频、调压、应急响应和黑起动等应用需求，为当地电网迎峰度夏期间的安全平稳运行提供保障。

1.3.2 储能在辅助服务领域的应用

中国的电力辅助服务分为基本辅助服务和有偿辅助服务两大类。其中，基本辅助服务包括一次调频、基本调峰和基本无功调节等；有偿辅助服务包括自动发电控制（AGC）、有偿调峰、备用、有偿无功调节和黑起动等。基本辅助服务是发电机组必须提供的，不进行补偿；有偿辅助服务应予以补偿。中国目前的电力辅助服务由并网发电厂提供，储能很少参与其中，但从国外的相关经验可以看出，电力储能在辅助服务中的应用主要包括四种，分别为调频服务、电压支持、调峰和备用容量。

通过对电网中的储能设备进行充放电以及控制充放电的速率，使储能达到调节系统频率的目的。储能设备与火电机组相结合共同提供调频服务，可以提高火电机组运行效率，大大降低碳排放量。储能设备还能在非满负荷状态下经济运行，可以提供本身容量 2 倍的调节能力。因此，储能设备非常适合提供调频服务。

储能装置，特别是分布式储能装置，如果具有快速响应的能力，且能在几秒钟内快速响应负荷需求，并为负荷提供持续几分钟以上甚至一个小时的服务，那么将其布置在负荷端，根据负荷需求释放或吸收无功功率，能很好地避免无功功率远距离输送时的损耗。抽水蓄能最主要的功能便是为电力系统提供调峰服务，目前已广泛应用于电网调峰领域。另外，可以在用电低谷时为抽水蓄能电站蓄水；在用电高峰时释放电能，实现削峰填谷。因此，抽水蓄能电站是非常优质的调峰电源。储能设备可以为电网提供备用辅助服务，通过对储能设备进行充放电操作，可达到调节电网有功功率平衡的目的。

1.3.3　储能在输配电领域的应用

储能在输配电领域的应用主要包括无功支持、缓解输电阻塞、延缓输配电设备扩容和变电站内的直流电源四个方面。按照目前的成本，储能做无功支持和变电站直流电源，相对于原有选择（电容器组、铅酸蓄电池）价格较为昂贵。储能在缓解输电阻塞和延缓输配电设备扩容两个方面的应用，相对于简单的扩容升级更加灵活，减少了投资的风险，提高了电力资产的利用率。由于输配电网的稳定性决定着整个电网的可靠性和安全性，所以要求对储能的可靠性进行论证，且还需要经过必要的示范项目进行检验。

决定线路是感性的还是容性的，跟线路的电压等级和负荷大小有关。通过传感器测量线路的实际电压，按照规范要求的电压范围调整输出的无功功率，进而调节整条线路的电压，使其在规范要求的范围内，储能设备能够做到动态补偿。输电线路的容量是固定的，而负荷是随时间呈现规律的变化，存在尖峰负荷。当负荷增长到一定程度时，输电线路的容量有时会低于尖峰负荷，这就需要投入资金对线路进行扩容，因此增加了电力运行的边际成本。储能能够节省线路阻塞引起的相关成本和费用，尤其是在需要扩容幅度不高的情况下。在负荷接近设备容量的输配电系统内，将储能安装在原本需要升级的输配电设备下游位置来延缓或者避免扩容，利用较小容量的储能设备来延缓需要很大投入的电网扩容投资。这样做既可以提高电力资产的利用率，又可以更高效地利用电力企业的资金，而且减少了大规模资金投入产生的风险。

1.3.4 储能在用户端的应用

储能在用户端的应用主要集中于用户分时电价管理、容量费用管理和电能质量管理三个方面。其中分时电价管理和容量费用管理功能的实现要依赖于电力市场中存在的分时电价和容量电价体系。储能在用户端的另一种应用模式是通过在用户侧建设分布式发电和微电网来实现的。分布式发电是指利用各种可用和分散存在的能源，包括可再生能源（如太阳能、生物质能、小型风能、小型水能和波浪能等）和本地可方便获取的化石类燃料（主要是天然气）进行发电供能的技术。微电网是指由分布式电源、储能装置、能量转换装置、相关负荷和监控以及保护装置汇集而成的小型发配电系统，是一个能够实现自我控制、保护和管理的自治系统，既可以与外部电网并网运行，也可以孤立运行。

相对于传统的集中式发电、远距离输电构建的大电网，分布式能源与储能系统构建的微电网能够接入配电网就地平衡，从根本上改变传统的应对负荷增长的方式，同时在节能减排、提高电力系统可靠性和灵活性等方面具有优势，是解决电力供应不足和提高供电安全性的有效途径。储能应用于分布式发电及微电网，主要实现了稳定太阳能、风能等可再生能源的平滑输出；还可以作为调峰电源，实现削峰填谷，并缓解新的发电机组和输配电设备的建设投资；作为备用电源，提高了供电的质量和安全可靠性，在大电网发生故障时，可以持续供电。

1.3.5 储能在分布式发电与微电网的应用

应对大量分布式电源接入带来的配电网运行管理问题，用户互动需求以及多能源的互补高效利用，需要灵活高效的设备并增强配电网的管理能力，使电力供应变得灵活，并满足用户对电能的个性化和互动化需求。储能可为分布式电源接入提供重要的支持，具体如下：抑制分布式电源的功率波动，减少分布式电源对用户电能质量的影响；为未来可能出现的直流配电网及直流用电设备的应用提供支持；增强配电网潮流、电压控制及自恢复能力，促进配电网对分布式发电的接纳；提供时空功率和能量调节能力，提高配电设施利用效率，优化资源配置。

微电网能够实现自我控制、保护和管理，是分布式电源接入和利用的重要形式。储能是微电网中的必要元件，在微电网的运行管理中发挥重要作用。可以实现微电网与电网联络线功率控制，满足电网的管理要求；作为主电源，维持微电网离网运行时电压和频率的稳定；为微电网提供快速的功率支持，实现微电网并网和离网运行模式的灵活切换；参与微电网能量优化管理，兼顾不同类型分布式电源及负荷的输出特性，实现微电网经济高效运行。

分布式电源的接入还促进了电能与其他能源进行融合和转换，以实现多种能源的互补和高效利用。电力、天然气、热能、氢能和生物质能等多种一次和二次能源将在用户侧得到综合利用，联合提供用户所需的终端用能服务。在多能源互补和综合利用中，多种形式的储能为各类型能源的灵活转换提供了媒介，如相变储能、热储能在冷热电联供系统中的应用。电动汽车的推广应用，也将电网和交通网紧密联系在一起，电动汽车可视为移动分布的储能单元，在电网中发挥重要作用。

1.3.6 储能在大规模可再生能源并网的应用

包括风电和光伏发电在内的可再生能源发电具有不确定性和

波动性的特点，按照不同时间范围内的间歇性和可再生能源输出波动，归纳出其对电网的影响，包括：增加了调频频率（几秒钟到十几分钟）；短时间波动（十几分钟到几小时），浮动的云可以让光伏发电输出在短时间内剧烈波动，湍流也可以让风电输出在短时内发生较大的变化，增加了电网的实时调峰压力；较长时间波动（24 h 范围内），主要指风电的反调峰特性，午夜长时间风力较强而负荷却处于低谷，直接造成夜间弃风的问题。

上述影响的共同作用是将增加电力系统的备用容量。电网调度需要为风电、光伏并网准备更多的备用机组容量，这就增加了电网运行的成本。针对上述影响，储能系统可以实现两种应用：电量转移固化输出和控制爬坡率。在夜间负荷较低电网无法消纳风电的情况下，将原本会弃掉的风电储存起来。线路负荷超出少许容量时，通过存储电能，减少线路阻塞。在发电端有峰谷电价的情况下，将夜间电价较低的风电存储起来，在电价高时向电网供电，提高了风电收益。在电网负荷尖峰时，向电网提供功率支持，减少其他电源的调峰压力。国内做调峰的电源主要是煤电机组，减少煤电机组的动态运行，会降低煤电机组的磨损，提高机组的效率，延长机组的使用寿命；减少备用电源预留量，风电输出的波动性和不确定性会要求建设更多输出可控的发电厂作为风力发电的备用电源。储能在可再生能源容量固定的应用，可使具有间歇性的风电输出变得可控、可预测，调节其输出的大小，这样可以大大地增加可再生能源的并网率，并减少系统备用容量机组的使用。

此外，根据电力系统的需求，将储能的作用时间划分为三类：分钟级以下、分钟至小时级以及小时级以上。其中，分钟级以下的应用包括提高系统的功角稳定性、支持风电机组低电压穿越和补偿电压跌落等，在这些场合下需要短时间的能量支持，要求储能装置能够根据系统的变化作出自动、快速的响应，同时要求储能装置具有较大功率的充放电能力，适用的技术包括超级电容储能、飞轮储能和超导磁储能等。分钟至小时级的应用包括平滑可再生能源发电波动、跟踪计划出力和二次频率调节等。在这些应用中，要求储能装置具有数分钟甚至小时级的持续充放电能力，并可较频繁地转换充放电状态，适用的储能技术主要为电化学储能。小时级以上的应用包括削峰填谷、负荷调整和减少弃风等。在这些应用中，储能以数小时、日或更长时间为动作周期，要求储能具有大规模的能量吞吐能力。应选择易形成可观规模、环境影响较小和经济性好的储能技术，包括抽水蓄能、压缩空气储能、熔融盐和储氢等。各时间尺度下的应用场景归类及对储能的技术需求归纳如表 1-2 所示。

表 1-2 储能技术应用场景归类

时间尺度	应用场景	运行特点	对储能的技术要求	重点关注的储能类型
分钟级以下	辅助一次调频提供系统阻尼电能质量	动作周期随机，毫秒级响应速度，大功率充放电	高功率，高响应速度，高存储/循环寿命，高功率密度及紧凑型的设备形态	超级电容器，超导磁储能，飞轮储能
分钟至小时级	平滑可再生能源发电，跟踪计划出力，二次调频，提高输配电设施和利用率	充放电转换频繁，秒级响应速度，可观的能量	高安全性，较快的响应速度，一定的规模（MW/MW·h 以上），高循环寿命（万次以上），便于集成的设备形态	电化学储能
小时级以上	削峰填谷，负荷调节	大规模能量吞吐	高安全性，大规模（100 MW/100 MW·h 以上），深充深放（循环寿命 5000 次以上），资源和环境友好，成本低	抽水蓄能，压缩空气，熔融盐，储氢

在上述三个时间尺度，电网对储能需求的迫切性和必要性不同。

对于分钟级以下的应用，储能多用于与现有 FACTS 设备结合，如 DVR、STATCOM 和 UPFC 等，利用有功和无功的双重控制实现更好的效果。在该类应用中，变流器的控制是研究的重点，储能单元作为辅助元件，应用面较窄。另外在一些应用中还面临着传统技术的竞争，如 PSS 仍是阻尼系统振荡的最经济和有效的技术。

在分钟至小时级以上的应用中，储能用于平衡系统中变化周期在数小时及以内的不平衡功率，这些变化由负荷或可再生能源发电较快速的波动引起。目前国内电网主要通过要求火电、水电等机组保持一定的备用容量（一级及二级备用）来应对该时间尺度下系统的不平衡功率。除有一定的功率和能量调整能力外，还需要具有较快的响应速度，以维持系统频率的稳定。随着负荷的快速增长及可再生能源发电比例的不断提高，系统面临备用容量不足和经济性降低等问题。储能可灵活快速地对系统不平衡功率做出响应，这是其他技术手段难以代替的。

对于小时级以上的应用，储能用于平衡系统中日级乃至季节时间尺度的功率变化。目前，只有抽水蓄能技术实现了该领域的成熟应用，并已成为电网运行的重要组成部分。但受限于地理条件、环境影响、设备成本和技术成熟度等因素，大规模储能在小时级以上的应用具有较大的难度，受到较多的限制，目前开展需求侧响应技术、增强水电等已有电源的调节能力是当前可行的一些替代方法。

因此，分钟至小时级的应用将是未来储能作用的主要领域。该辅助服务通常具有较高的价值，如二次调频市场。在该类应用中，可充分体现储能的功能和价值，促进储能的规模化发展。从当前储能技术的示范应用来看，也多集中于该时间尺度。

1.4 储能市场和政策环境

1.4.1 国内储能市场与相关政策环境

从目前国内储能产业在当前政策环境中的发展看，正是由于相关政策的推动，储能在某些领域已创造了若干收益模式，具体体现在分布式“光伏+储能”、集中式可再生能源并网和调频辅助服务领域。另外，在新能源汽车领域还呈现出突飞猛进的发展态势，在新一轮电力改革频释积极信号后，推动了国内市场的小高潮。

1．分布式“光伏+储能”领域

2011 年 8 月，《分布式发电管理暂行办法》出台，强调储能技术在分布式发电中的重要应用；2013 年 8 月，《关于发挥价格杠杆作用促进光伏产业健康发展的通知》出台，给予分布式光伏发电 0.42 元/kW • h 的电价补贴，鼓励分布式光伏发电的发展；2014 年 9 月，《关于进一步落实分布式光伏发电有关政策的通知》出台，将分布式发电的模式分为“自发自用、余电上网”或“全额上网”两种，并分别制定电价补偿方式，进一步促进分布式光伏发电的推广发展。

在一系列政策的促进下，特别是在东南沿海一些峰谷电价差大的工商业企业中，采用分布式“光伏+储能”发电模式，已经为企业节省了一笔可观的电费。而随着未来技术的发展、成本的下降与市场机制的完善，分布式“光伏+储能”发电模式还将赢得需求响应、延缓升级容量费用以及参与电力辅助服务市场等潜在收益。

相比过去，分布式光伏发电在中国虽然得到了一定程度的发展，但完成规模与规划目标相比却相差甚远，例如 2014 年，分布式光伏装机仅完成了规划目标的 25.6%；2015 年，新增分布式光伏装机仅占当年新增光伏总装机的 9%。究其原因，主要体现在以下几方面：

1）现有政策对电力用户吸引不足。这让很多拥有优质屋顶资源的业主缺少参与的积极性，导致屋顶资源稀缺；地方政府政策实施细则难以确定，如补贴金额一项，各地最终执行效果有很大不确定性；各方责任关系协调一致性有待提高，且需要经验的积累。

2）屋顶资源有限。出于实现较高且较稳定收益率的预期，分布式光伏项目普遍要求屋顶面积大，结构好，承重强，用户用电电价高，用电量大，运营稳定，这样的屋顶大多都在“金太阳”工程中被利用，因此现有存量较少。优质屋顶资源稀少使得所有者在屋顶租用协商中占据主动，开发商将在项目建设中承担更多的维护成本，也很难再要求业主分享更多的收益及承担更多的责任，这既影响业主投资积极性，也影响项目收益。

3）项目融资难。目前分布式光伏主要采用“优先自用，余电上网，全电量补贴”的方式，所以业主最主要的收益来自用户支付的自用电量电费，这导致项目业主在设计方案时会尽可能多地抵扣高电价用户电量。按照20%余电上网进行测算，全国大部分地区由于居民电价较低，发展居民分布式光伏不具备经济性。华东、华北和东北等地区适宜发展一般工商业用的分布式光伏，内部收益率可超过10%。仅华北及西北部地区适宜发展大工业分布式光伏，但盈利水平一般。

2．集中式可再生能源并网领域

在可再生能源发展规划及相关促进可再生能源消纳的政策推动下，国家已相继开展了若干集中式可再生能源并网项目，主要集中在风电场、光伏电站和风光储项目中，例如张北风光储能项目、国电和风北镇风电场储能项目以及龙源法库卧牛石风电场储能项目等。储能应用于大规模可再生能源并网项目，其潜在的收益主要有三种形式：

1）增加发电收益。储能系统在弃风限电时段利用削峰填谷功能存储电量，在非限电时段释放电量，增加风电场总体上网电量，从而产生额外收益。但结合风资源和弃风限电现状，储能系统年转化额外电量相当有限，不仅无法实现投资收益，连后续的运行维护费用都难以支撑。

2）储能安装电网优惠承诺。有的省电网公司或当地政府会给予安装储能补贴，对能够大幅减少弃风的风电场给予一定的优惠政策。

3）跟踪计划出力收益。借助储能系统调整风电场出力跟踪计划曲线，尽可能消除预测误差，降低风电场被考核的风险，弥补相应的损失。但受储能容量以及风功率预测系统自身准确率的影响，这部分收益难以有效评估，且总体很少。

总体来看，储能在集中式可再生能源并网领域仍处于示范应用阶段，从目前的收益方式看，还无法实现投资回收期，仍需完善市场机制，进一步拓展收益模式。

3．调频辅助服务领域

目前，在华北电网《发电厂并网运行管理实施细则》和《并网发电厂辅助服务管理实施细则》的支持下，储能在调频辅助服务领域，结合火电机组联合运行，大大改善了火电机组的调频性能，同时也大大提高了日补偿费用。

国内目前仅有睿能公司分别在北京和山西建成的两个储能调频辅助服务项目能实现 5 年左右的投资回收期，而随着未来项目的大规模部署，回收期将有所缩短。即便如此，目前储能在该领域的应用还存在一定的问题：

1）仍是区域性市场。由于区域性政策的差异，使得目前储能只能在某些区域的调频辅助服务市场获取可观的经济收益。

2）储能的主体身份尚未确立。储能只是作为火电机组的辅助设备参与项目，并没有确认储能参与调频辅助服务市场的独立身份，限制了储能的应用范围。

3）缺乏按效果付费的机制。没有一个能够有效体现调频效果的补偿机制，将无法有效体现储能的应用价值。

4．新能源汽车领域

近两年，特别是 2015 年，中国新能源汽车产业发展突飞猛进，全年产销突破 30 万辆，累计产销近 50 万辆。一些电池厂商陆续部署新的电池工厂，争取按时、按质及按量向整车厂商交付动力电池，以顺应新能源汽车的快速发展。各企业动力电池工厂规划如表 1-3 所示。

新能源汽车的快速发展，也为储能产业在中国的发展传递了积极信号，具体表现在：新能源汽车的推广应用带动了储能电池生产规模增长，一定程度上降低了电池成本；电动汽车的充换电服务中，光储式充换电站、快速充电站以及需求响应充电站都将为储能拓展应用领域；储能是开展动力电池梯次利用和增加动力电池全寿命周期价值的重要途径之一。

表 1-3　各企业动力电池工厂规划

公司	项目地点	项目总投资	投产/竣工时间	年产能
三星 SDI	陕西西安高新区	6 亿美元	一期工程 2015 年 10 月 22 日	一期工程：360 万枚电芯。规划到 2020 年，年产能达到 3120 万枚电芯
LG Chem	江苏南京栖霞区	—	一期工程 2015 年 10 月 27 日	一期工程：10 万台以上新能源汽车电池。规划到 2020 年，生产规模扩至目前 4 倍以上
松下	辽宁大连东北部	约 4.12 亿美元	2017 年	20 万辆新能源汽车电池。规划到 2020 年，生产规模扩至目前的 2.5 倍
比亚迪	广东深圳	60 亿元	2017 年	新增 6 GW·h 动力电池产能，将目前产能扩至 10 GW·h
中航锂电	江苏常州金坛区	125 亿元	2017 年	120 亿 W·h 锂离子动力电池
沃特玛	陕西渭南	50 亿元	2017 年	10 GW·h 铝壳圆柱锂电池
	湖北荆州	2.4 亿元		3 GW·h 32650 钢壳圆柱电池
猛狮科技	福建漳州诏安县	30 亿元	2018 年	60 亿 W·h 三元 18650 锂电池电芯、电池组及 Pack
多氟多	—	6 亿元	2016 年底	3 亿 A·h 锂离子电池组

虽然目前我国尚未对储能出台补贴政策或强制规定，但分布式光伏、需求侧管理和电动汽车等领域相关政策的出台也为储能应用提供了契机。

1.4.2　国外储能相关政策

储能技术在各国的重点应用领域和市场规模与各国家的电价机制、补贴政策、电力交易机制、电源结构以及负荷特性等都有着密切联系，与相关产业之间的相互推动作用也影响着储能技术应用发展路径。市场和政策环境的差异，使储能技术在各国的应用重点和商业模式呈现多样性。

从国内外储能发展应用情况看，相关的激励措施、政策和市场环境是当前储能市场化发展的核心驱动力。在美国、德国与日本等国家已出台了储能的相关补贴政策，通过税收优惠、研发经费支持和初装资金补助等推进储能市场的发展，具体如表 1-4 所示。

表 1-4 国外储能相关政策

国家	推出时间	相关政策
美国	2009—2010 年	《储能法案 1091》和《储能法案 3617》在 2010—2020 年期间给储能提供 15 亿美元的税收优惠，大容量储能给予 20%的投资税收优惠，分布式储能系统享受 30%的投资税收减免，与智能电网连接的插电式混合动力启齿中可充电的储能设施同意享受 30%的投资税收减免。此外，政府拨款 24 亿美元用于支持包括大规模储能在内的电池技术研发
	2011 年 2 月	《2011—2015 储能技术》关注如何安装储能系统以实现最大效用
	2011 年	加州地区颁布《AB2415》号法令，评估各种储能系统优势及在电力系统中的应用模式，实现储能配额，2020 年储能容量达最大负荷的 5%
	2014 年	加州 AB2514 法案通过了《储能采购框架和设计项目》，要求加州的三大公共事业公司（太平洋天然气和电力公司、南加州爱迪生电力公司和圣地亚哥天然气和电力公司）到 2020 年完成 1.325 GW 储能采购的目标
日本	20 世纪 90 年代以来	投入大量资金支持大规模储能技术的前期研发、示范项目建设和后期商业化运作，推进了钠流电池等技术的发展，其中 NGK 在 2003—2010 年得到了 NEDO 至少 236 亿日元的支持
	2012 年 9 月	《革新的能源及环境战略》《电力事业主体进行可再生能源电力调节的特别措施法》中明确将大力发展分布式及可再生能源发电。支持蓄电池、燃料电池等储能技术研发，并给予安装家用储能系统的用户和企业一定资金支持，2 万美元以上的锂电池储能系统只要通过 SII 认证，即可获得 30%～50%不等的补助
德国	2013 年 5 月	德国复兴银行联合德国联邦环境与自然保护核反应堆安全部（BMU）支持分布式光伏储能的新政生效，针对小于 20 kW 的光伏设施，给予新增暗转光伏发电同步建设储能最高不超过 600 欧元的补贴，既有光伏发电+储能设施给予每千瓦最高不超过 600 欧元的补贴

支持政策和补贴对储能的应用起到明显的推动作用，当前，美国和日本的储能装机容量占全球规模（不包含抽水蓄能、压缩空气和储热）的 80%以上。

1.4.3 价格机制与激励政策

国内对储能发展尚未出台体系化的价格标准和财税等支持政策，而且中国正处于电力市场化改革初级阶段，电价形成机制还较为固化，储能技术的增值还迟迟没有看到。储能价格机制与激励政策的主要需求如下：

1）国家对储能发展高度重视，迫切需要制定切实的政策措施。中国在各类规划中都将储能的发展放在重要的位置，但是目前尚缺乏明确的政策措施。第一，从国际上来看，美国、日本和德国等国家的储能政策环境相对完善，而国内还有较大差距；第二，中国已经有了较大规模的储能规划，但是还没有清晰的商业模式和盈利点，大规模建设很可能造成极大的浪费，比如 2015 年底储能规模只有 141 MW，而 2020 年的储能规划装机规模为 1200 MW，但是目前国内储能的商业模式还不清晰，盈利点还不确定；第三，目前储能主要依靠用户侧峰谷价差，通过电量套利获得收益，在电网调峰、调频、辅助服务乃至全社会效益等方面的价值还没有体现，亟需弥补这些空白，更加全面地反映储能价值。

2）合理的定价机制，无论是政府定价还是市场定价，都是推动储能产业发展的关键要素。对于储能电价，不仅要考虑储能提供的电量等价值，还要考虑储能提供的容量、辅助服务等价值。要通过合理的机制发现储能价值。要么通过政府定价，要么通过市场定价，通过适当的方式和适当的商业模式，总而言之，通过竞争决定价格。

3）发现储能设施市场价值的最佳方式是允许其在不同的场景下与其他技术进行竞争。为此，允许储能技术全面参与电力市场各个环节尤为重要。首先，需要给予储能准入地位，比如在调峰方面，应当允许社会提供更好的包括储能在内的解决方案；其次，建立公平的竞争环境，允许其在不同的场景下与其他技术进行竞争，促进储能产业在市场中发现价值。现在正在推进的电力体制改革试点、市场化交易、需求侧响应、工业园区、微电网、互联网+和区块链都应当允许储能参与，发掘储能市场。

储能技术发展初期需要适当的扶持，但单纯的补贴政策不可持续，应设计真正有利于储能产业发展的综合政策措施。完全靠补贴的机制行不通，并且也不可持续。初期可以给予一定的补贴，但是如何补贴、在哪里试点等需要谨慎设计。政府很难单独给某一种储能技术提供补贴。长远来看，政府更需要在监管政策、市场规则设计和公平市场环境营造方面发挥更多作用，促进储能产业在竞争中找到可持续的盈利方式，实现可持续发展。

第 2 章　储能规模化推广亟需解决的关键技术

在所有储能技术中，除抽水蓄能外，电化学储能是发展最快、相对成熟的储能技术，尽管发展前景广阔，但也面临诸如技术研发（如电池本体、电池集成和能量管理等）成本较高及政策补贴不到位等不利于电化学储能产业发展的因素。本章针对制约电化学储能发展的技术因素和成本因素开展相关调研分析。

2.1　规模化储能系统的核心装备制造技术

核心装备制造技术要解决的关键问题在于增强和提高储能器件的能量密度、功率密度、响应时间、储能效率、循环性能、经济性和可靠性等。电化学储能因具有适用范围广、储能密度高以及容量大的优势，是储能领域的主要研究方向，美国能源部将在未来 5 年投资约 1.2 亿美元建设电池与储能创新中心，关注于交通和电网规模电化学储能的新材料、设备、系统以及新方法研发；日本也提出将储能电池扶持为战略性产业，发展电力行业大规模储能电池和车用电池。

目前的研究热点和趋势在于：①高容量锂离子电池电极材料设计开发。如美国 Envia Systems 公司使用固溶体类富锰阴极材料和 Si-C 基阳极材料，实现 400 W • h/kg 能量密度记录，并成功研发了 45 A • h 层压型电池单元；伦斯勒理工学院利用有瑕疵的石墨烯纸作为锂离子电池阳极，相比传统石墨电极充放电速度快 10 倍。②利用传感器等实时监测和先进电源管理技术解决锂电池安全性问题。美国将投入 3000 万美元开发先进的传感和控制技术，大幅提高电池的安全性、性能和寿命；德国也计划投入 3600 万欧元用于研发以提高锂离子电池的安全性，研究将关注优化电池化学、新的半导体传感器材料、测试方法和安全性模型等。③深入认识锂空电池充放电化学反应过程，开发性质稳定的电解质，优化设计电极结构，实现实用化。IBM 公司联合日本旭化成和中央玻璃公司实施一次充电能行驶约 800 km 的锂空电池项目，关注创新膜技术、新型电解液和高性能添加剂研发；英国圣安德鲁斯大学采用二甲基亚砜电解质和多孔金薄膜电极，成功实现了较好循环，且基本可逆，在 100 次充放电循环后锂空电池容量仍能保持 95%，Li_2O_2 的氧化动力学比传统碳电极快约 10 倍。④超级电容器复合电极材料开发。如法英美联合研究团队通过计算模拟，首次研究了多孔碳电极吸附离子液体的分子级储能机制；加州大学洛杉矶分校利用光刻 DVD 激光处理工艺开发出高性能石墨烯基超级电容器。

2.2 储能系统集成与工程化技术

1. 大容量电池成组技术

标准储能电池组是组成大规模电池储能系统的基本单元，标准电池组的使用寿命直接决定了储能系统的使用寿命，大容量电池成组技术是大容量储能系统的核心技术之一，如图 2-1 所示。

目前，电池的大容量成组技术还存在以下问题有待解决：

1）电池成组复杂程度高，系统可靠性低。

2）电池单体的一致性差异比较大，大规模电池成组寿命比较低。

3）电池模块没有标准化，大容量储能系统构建方法缺乏理论指导。

针对这些问题，一些厂商已经开始了大规模的科研和设备试制的工作。目前，在大容量锂离子储能系统技术的领域，持续进行投入研发并进行产业化的公司主要有 A123、EnerDel 和 Altairnano 等。在最近的报道中，A123 已经完成了 20 A·h 大容量单体（软包）的研发，在电动车辆的应用中开始使用这种大容量单体。目前中国电力科学研究院正在研制 5 kW/20 kW·h 磷酸铁锂（$LiFePO_4$）电池标准模块。电池成组技术是制约大容量储能技术发展的瓶颈，目前重点需解决电池动态一致性问题，还需要从电池及电池组一致性影响因素的机理、电池动态均衡的判据方法、电池组的管理与保护技术、储能电池模块的设计、模块的集成技术以及电池模块的特性检测技术等方面进行研究，改善电池组性能，延长电池系统使用寿命。

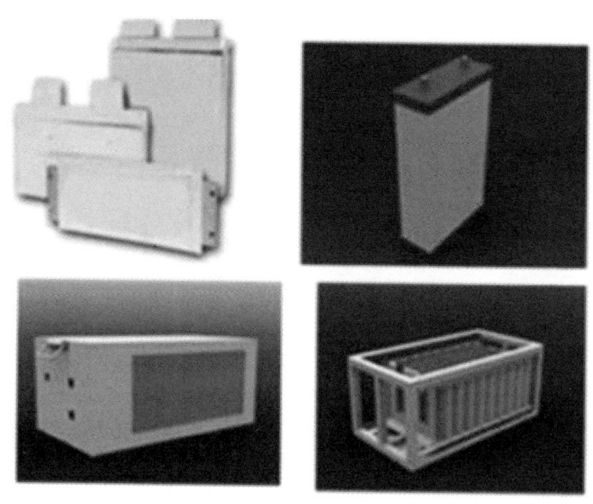

图 2-1 电池成组技术方案

2. 储能系统用变流技术

电池储能变流器（PCS）是连接储能电池和接入电网之间的接口电路，基本功能是实现直流储能电池与交流电网之间的双向能量传递。PCS 是储能系统的关键环节，在储能产业的产业链上，处于储能装备和电网的连接环节。PCS 可以很好地满足储能型变流系统的需求，其具体作用如下。

（1）PCS 连接各种储能部件与电网

储能系统主要包括能量存储部件、电池储能变流器（PCS）和监控系统等。无论何种储能部件，本身都只是能量存储的载体，孤立的部件本身并不能与电网连接，无法解决平滑新能源发电波动等问题。只有通过连接于储能部件与电网之间的能量控制装置与其配套，才能把电网电能存入储能体或将储能体能量回馈到电网系统，从而实现设定功能。

（2）PCS 是实现储能系统功能的关键

电池储能变流器（PCS）是实现直流储能部件与交流电网之间的双向能量传递，将储能部件接入电力系统的关键设备。在电池储能系统中，PCS 的成本占到整个系统成本的 10%以上。目前，传统功率单向流动的并网逆变器型 PCS 装置在包括太阳能、风能在内的可再生能源发电中已有广泛应用。目前国内从事电力电子变流器行业的企业也主要集中于光伏和风力发电等新能源应用领域，市场上专门针对储能电站应用的双向变流器的成熟产品还比较少，该技术产业链如图 2-2 所示。

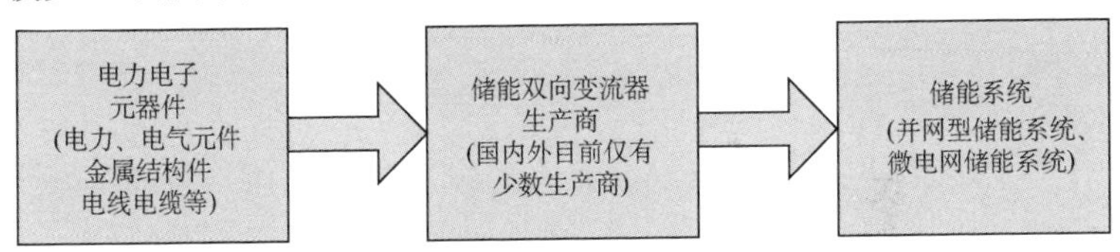

图 2-2　储能变流器技术产业链

3．储能系统规模化集成技术

储能系统规模化集成技术是指根据储能系统的应用需求，通过规模化集成设计，合理配置电池系统、变流器系统以及监控系统等储能单元的集成技术，使各部分协调工作，整体性能最优，且与电网协调稳定运行。智能可控、冗余保护和易于线性扩展的储能系统规模化集成技术是大容量储能系统在电网的各个应用领域都能够灵活配置，大规模拓展部署的有力支撑。为实现储能单元的规模化集成，完成百兆瓦级储能电站集成技术储备，并达到储能电站高效、可靠的运行控制目标，需要解决储能规模化集成设计（设计方法和设计软件开发）、储能系统综合控制、储能系统冗余及扩容等关键技术。储能系统大规模集成技术如图 2-3 所示。

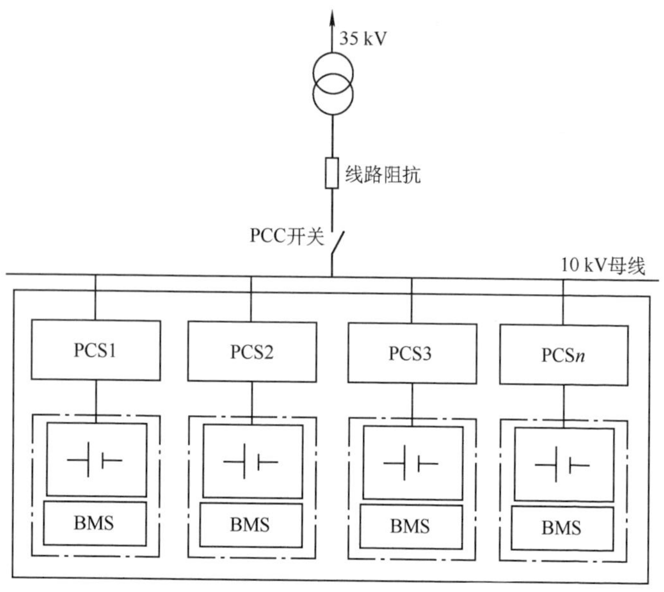

图 2-3 储能系统大规模集成技术

大规模电池储能电站配合大容量风电、光伏等新能源发电并网运行时，储能电站需要满足新能源发电从秒级至小时级不同时间尺度的实时功率响应，以及电池能量供给的应用需求。这不仅要求电池储能电站具有高速功率响应能力，而且也要保证大规模电池储能电站中并联运行的几个甚至数十个储能变流器单元的荷电状态一直控制在较好的工作区间。另一方面，从电池储能系统的角度来说，过度的充电和放电都会对电池的寿命造成影响。因此，管理好各储能单元的电池荷电状态和健康状态，在储能电站内部合理分配好实时总功率，调度管理好充放电能量，并将电池的荷电状态控制在一定范围内是非常必要的，也是大规模电池储能电站集成中的关键技术难题。

2.3　储能站群的动态功率与能量管理技术

1. 电池能量管理系统

储能电池使用中其性能发挥得如何，除与电池模块自身性能有关外，还与应用电池能量管理系统的功能有密切关系，尤其是在电池模块质量不太理想的条件下，功能完备的电池能量管理系统的作用就更加突出。借助电池能量管理系统的正常工作，可以使电池模块的性能得以充分发挥，减少电池模块故障，延长电池模块的使用寿命。因此，电池能量管理系统备受设计者和使用者的重视。

目前电池能量管理系统基本功能已经具备，但还有一些问题有待解决，例如如何准确测量电池的剩余电量（SOC），如何通过对单体电池的温度、电流及电压的监测来掌握电池的健康状态，以及必要时对其进行动态均衡等都暂时没有准确和成熟的技术。

2. 储能电站中央监控系统

储能电站一般在户外运行，进行现场查看不是很方便，中央监控系统可以做到集群监测和管理，无须到现场逐台查看设备状况，也有利于进行数据汇总、生成曲线和数据分析，网络监控更加便于人们进行远程管理，第一时间发现问题，并通过远程查看数据来判断原因。中央监控系统是管理储能电站的必备工具。

与常规变电站比，电池储能站监控系统一大特点是监控量多，如何有效应对庞大数量的电池监测量是亟需解决的的问题。目前中央监控系统已经具备基本功能，朝着软硬件平台的通用、标准化以及硬件结构的模块化发展是未来趋势。

2.4　多运行目标下储能系统广域调度技术

配电网中配置广域分布的电池储能系统，与分布式电源和负荷协同运行，不但可以通过削峰填谷起到降低配电容量的作用，还可以弥补分布式电源出力随机性对配电网安全和经济运行的负面影响，参与需求侧响应和为大电网提供辅助服务。同时，通过这些多点分布式储能形成汇聚效应，可以提高电网运行效率，构建源网荷储新型智能电网形态。以江苏省电力公司规划的储能应用试点为例，至2018年初，江苏省已建成35个用户侧储能项目，总功率达36 MW，总容量达251 MW • h。然而，如此“广域布局、数量众多、个体容量小”的分布式储能在实际推广中还需解决以下实际问题。

1．广域布局分布式储能系统的调度难题

分布式储能安装地点灵活，与集中式储能相比，减少了集中储能电站的线路损耗和投资压力，但相对于大电网的传统运行模式，目前的分布式储能出力以及接入具有分散性与不可控等特点。从电网调度角度而言，广域分布的储能目前缺乏有效的调度手段，如任其自发运行，相当于接入一大批随机性的扰动电源，它们的无序运行无助于电网频率、电压和电能质量的改善，也造成了储能资源的极大浪费。因此，如何实现广域分布的储能容量“聚合”，并实现统一调度成为重点研究的方向。

2．分布式储能“聚合”后的运行管理技术

分布式储能系统作为电网末端的能量管理单元，需要分布式储能系统基于就地采集的用户用能大数据开展分析处理，并依据用电行为规律进行提取，结合储能电池不同寿命阶段和状态，提出合理的储能充放电策略，对用户用能行为产生一定的优化，并配合光伏等分布式电源，将分布式能源对电网的影响降低到最小的程度，保证配电网的稳定运行。然而这些功能只在集中式大规模储能系统中有所体现，在目前分布式储能系统中还未有涉及。

3．分布式储能电池系统的计量计费

分布式储能系统本身同时具备电源和负荷的特征，颠覆了以往新能源发电和配电网用户单向计量计费的规则。单纯计量储能的发电量和用电量均无法体现储能的价值，需要根据国内不同地区的市场监管体系和节能奖励政策，深入了解储能电池剩余容量和寿命的计量算法，结合储能介质的自身成本特点，从发电量、用电量和储能电池寿命成本计量等多个角度，制定有针对性的分布式储能计量计费算法。

4. 分布式储能的电池核心资产管理技术

分布式储能的投资主体多元化，除了一次性买断式的投资方式，还有设备租赁等创新性投资方式。而这些创新性的投资方式面临着分布式储能系统的核心资产——储能电池价值与其实际循环寿命有直接关系，难以按照以往资产管理手段加以评估，需要第三方根据电池实际运行情况，从电池的循环寿命、日历寿命和实际剩余容量等几个方面对分布式储能的资产价值综合给出准确的评价方法，然而目前对分布式储能的资产管理尚无合理的解决手段。

5. 分布式储能的并离网控制保护技术

目前分布式储能系统除了对分布式发电和负荷进行能量调节以外，还会以应急电源模式快速输出功率，为敏感负荷实现紧急供电。故障消除时，分布式储能系统需要判断电网正常后，实现同期重合闸。分布式储能这一应用场景使配电网系统从放射状结构变为多电源结构，用户侧的短路电流大小、流向以及分布特性均会改变，传统控制保护装置难以满足其保护要求，亟需须针对分布式储能系统的新运行特点提出有效的控制保护手段。

第 3 章　储能规模化应用技术路线与经济性分析

3.1　储能应用技术发展路线图

3.1.1　物理储能

重点布局 10 MW/100 MW • h 和 100 MW/800 MW • h 超临界压缩空气储能技术、10 MW/1000 MJ 高性能的飞轮储能阵列技术以及 1～10 MW/10～50 MJ 级中大功率高温超导磁储能系统。同时，积极探索新型混合储能系统。

物理储能技术发展路线如图 3-1 所示。总体上看，2020 年前将重点攻克储能技术的核心技术，突破技术瓶颈，为示范推广扫清障碍，如压缩空气储能核心部件设计制造技术、飞轮储能工业示范单机与阵列机组的核心技术以及高温超导储能磁体设计与控制技术，同时积极着手示范验证 10 MW/100 MW • h 级超临界压缩空气储能系统；2030 年前完成 100 MW/800 MW • h 超临界压缩

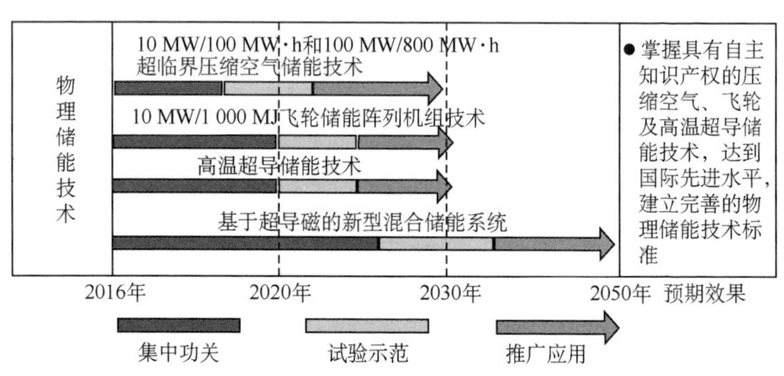

图 3-1　物理储能技术发展路线图

空气储能电站、10 MW/1000 MJ 高性能的飞轮储能系统和 5 MJ/2.5 MW 以上高温超导磁储能系统的工业示范，完全掌握各种物理储能技术，同时形成相对完整的物理储能技术标准体系，并积极开展商业推广；2050 年展望，积极探索新材料、新方法，实现基于超导磁的多功能全新混合储能技术的重大突破，力争完全掌握材料、装置及系统等各环节的核心技术，全面建成物理储能技术体系。

3.1.2　化学储能

重点布局高性能的铅炭电池技术，低成本、长寿命和高安全的锂电池技术，大容量的钠硫电池技术，大容量的超级电容器储能技术以及大规模全钒液流电池储能技术。与此同时，积极探索新概念电化学储能技术，如液态金属电池和镁基电池等。

化学储能技术发展路线如图 3-2 所示。总体上看，2020 年前，将突破化学储能的各种新材料研制、储能系统集成和能量管理等核心关键技术，示范验证 100 MW 级全钒液流电池储能系统和大容量的铅炭电池等趋于成熟的技术；2030 年前，将全面掌握根据战略方向重点布局的先进化学储能技术，实现不同规模的示范验证，同时形成相对完整的化学储能技术标准体系，建立比较完善的化学储能技术产业链，实现绝大部分化学储能技术在其适用领

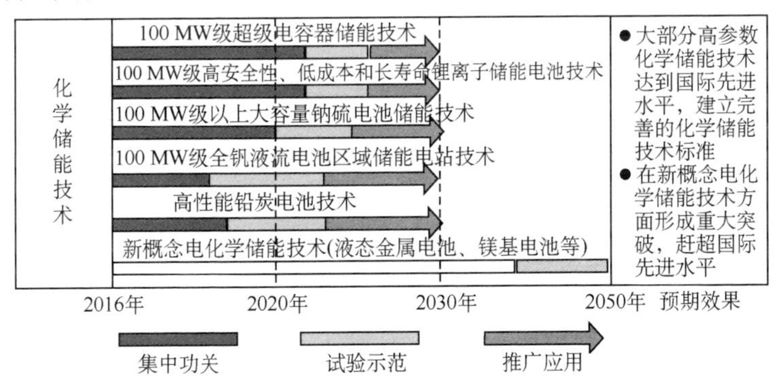

图 3-2　化学储能技术发展路线图

域的全面推广。2050 年展望，积极探索新材料、新方法，实现新概念电化学储能技术（液体电池、镁基电池等）的重大突破，力争完全掌握材料、装置及系统等各环节的核心技术，全面建成化学储能技术体系，整体达到国际领先水平。

3.1.3 氢能及燃料电池

重点布局大规模可再生能源电解水制氢技术，甲醇、天然气、液态烃类重整制氢及氢气纯化技术，化学储氢中的加氢及脱氢催化技术，移动式储氢新材料技术，质子交换膜燃料电池（PEMFC）技术以及固体氧化物（SOFC）燃料电池技术。

氢能及燃料电池技术发展路线如图 3-3 所示。2020 年前，针对制约燃料电池规模化应用的性能、寿命与成本等问题，将建立完备的设计、工艺和检测平台，掌握低成本与长寿命电催化剂技术、低铂载量膜电极制备与批量生产技术以及高一致性系统集成技术等，实现燃料电池技术在电动车、分布式发电和移动电源等领域的示范运行或小规模推广应用，同时实现氢能制备和纯化的技术集成和加氢站示范运行，突破储氢材料技术瓶颈。2030 年前，将建立完备的燃料电池材料、部件、系统的制备与生产产业链，实现燃料电池和氢能的大规模推广应用。2050 年展望，实现燃料电池和氢能的普及应用。

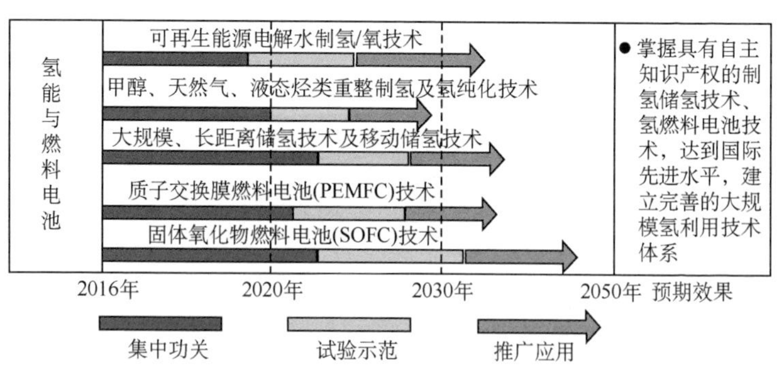

图 3-3 氢能及燃料电池技术发展路线图

3.1.4　储热技术

重点布局高温（≥500 ℃）储热技术、10～100 MW • h 级面向分布式供能的储热系统技术，积极探索新型的大容量热化学储热技术。

储热技术发展路线如图 3-4 所示。总体上看，2020 年前，将突破高温储热材料的制备工艺、高温储热单元的优化设计技术和储热系统的动态热管理技术，示范验证 10～100 MW • h 级面向分布式供能的储热（冷）系统；2030 年前，将全面掌握战略方向重点布局的先进储热技术，实现不同规模的示范验证，同时形成相对完整的储热技术标准体系，建立比较完善的储热技术产业链，实现绝大部分储热技术在其适用的领域全面推广；2050 年展望，积极探索新材料、新方法，实现新型大容量热化学除热技术的重大突破，力争完全掌握材料、装置及系统等各环节的核心技术，全面建成储热技术体系，整体达到国际领先水平。

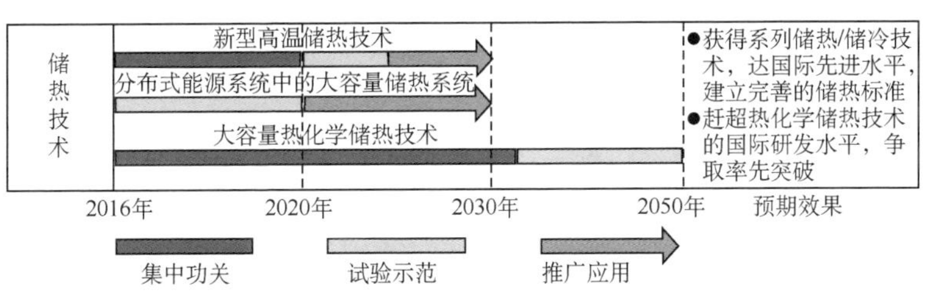

图 3-4　储热技术发展路线图

3.2　储能应用技术标准化体系

3.2.1　国内外储能标准现状

1．国际标准

IEC、IEEE 等一些国际组织已经着手开展储能相关的标准化工作。2012 年，IEC 成立了储能技术委员会 TC120，经过多次会议讨论后，IEC TC120 下设 5 个工作组：术语、单位参数和测试方法、规划和安装、环境问题以及安全考虑。IEC TC120 在划分工作组时，为了与 TC8、TC21 和 TC22 等工作内容不冲突，主要负责储能系统接入电网系统方面的问题，而不关注储能设备，只是从目前备受关注、亟须制定的标准入手，开展标准制定工作。目前正在组织编写的标准如表 3-1 所示。

表 3-1　IEC TC120 制定的国际标准

序号	标准号/计划号	标准名称	进度
1	IEC 62933-1	储能系统——术语	初稿
2	IEC 62933-2	储能系统单位参数及测试方法第 1 部分：一般要求	初稿
3	IEC 62933-3	储能系统规划及安装	初稿
4	IEC 62933-4	储能系统环境问题	初稿
5	IEC 62933-5	接入电网的储能系统安全考虑	初稿

此外，IEC 还成立了联合工作组 JWG82，负责制定 IEC 61427-2《可再生能源储能用蓄电池和蓄电池组》第 2 部分：并网应用。该标准以实际、典型的并网应用场景为参照，提出科学可行的模拟测试评价方法，重点关注各种化学储能技术，以及在频率调整、负载跟踪、削峰填谷和备供电力四大储能应用场景下的耐久性测试。

IEEE 注重储能接入系统方面的标准，正在组织编写 IEEE P2030.2《与电力基础设施整合的储能系统互操作性指南》和 IEEE P2030.3《用于电力系统的电能存储设备和系统的测试流程标准》。

美国国家标准技术研究院（NIST）将电能存储列为智能电网标准制定的优先领域之一。在智能电网互操作论坛上成立了分布式可再生能源、分布式发电和电能存储（DRGS）工作组。该工作组提供了一个平台，针对分布式可再生能源/清洁能源发电、储能接入智能电网和辨识标准，确认互操作性问题与现有差距，并据此建立“优先行动计划（PAP）”和工作组，以解决问题、填补差距。DRGS 工作组还将解决低压电网和微电网中电源/储能设备分布控制的通信需求，包括基于电力电子接口的设备（如光伏发电和蓄电池）与具有较高内在惯性的旋转电动机设备的通信。

2010 年 11 月，美国能源部召集美国电力科学研究院（EPRI）、电力储能学会、能源部下属国家实验室、设备制造商、知名电力咨询公司以及相关社会团体召开了储能技术标准体系研讨会。美国的储能技术标准体系框架包括通用技术要求、通用规范、术语、检测、通信方式、接入标准及标准协调等方面，没有分层次列出具体的标准。

2004 年以来，日本电气技术规格委员会（JESC）组织编制了与电力储能相关的多项技术标准，2004 年发布了《确保电力品质的电气设备接入技术条件》，2006 年发布了《分散式电源接入系统技术导则》，2010 年发布了《电力储能电池技术规范》。此外，日本储能设备制造商和电力公司还根据日本国家标准编制了一些企业标准，如 NGK 公司与东京电力 2004 年共同发布了企业标准《钠硫电池接入电网技术规范》和《钠硫电池并网特性规范》。日本储能标准只侧重接入电网技术及电池技术规范，并不成体系。

2．国内标准

自 2010 年起，中国电力企业联合会、国家电网公司开始着手储能相关标准的编制。2014 年中国成立了 SAC TC550 全国电力储能标委会，负责储能标准的制定和修定工作。

（1）物理储能

目前，国内有一些与压缩空气相关的标准，涉及基础通用类、设计类和设备制造类等几个方面，但不是针对电力系统应用的压缩空气储能，而是压缩空气技术工业应用的一些通用标准，压缩空气技术相关标准如表 3-2 所示。

表 3-2 压缩空气技术相关标准

序号	标准号/计划号	标准名称	进度
1	GB 150—2011	压力容器	已发布
2	GB 50029—2003	压缩空气站设计规范	已发布
3	GB 50040—1996	动力机器基础设计规范	已发布
4	JB/T 2549—1994	铝制空气分离设备制造技术规范	已发布
5	JB/T 4709—2007	钢制压力容器焊接规程	已发布
6	JB/T 6443.1—2006	石油、化学和气体工业用轴流、离心压缩机及膨胀机—压缩机第 1 部分：一般要求	已发布
7	JB/T 6443.2—2006	石油、化学和气体工业用轴流、离心压缩机及膨胀机—压缩机第 2 部分：离心与轴流式压缩机	已发布
8	JB/T 6894—2000	增压透平膨胀机技术条件	已发布
9	JB/T 6895—2006	铝制空分分离设备安装焊接技术规范	已发布
10	JB/T 7664—2005	压缩空气净化术语	已发布
11	DL/T937—2005	热交换器管声脉冲检测技术导则	已发布
12	DL/T965—2005	热力设备检验机构基本能力要求	已发布
13	NB/T 47006—2009	铝制板翅式热交换器	已发布
14	HG/T 20673—2005	压缩机厂房建筑设计规定	已发布
15	TSG R0004—2009	固定式压力容器安全技术监察规程	已发布

（2）化学储能

目前，国内关于电化学储能的国家标准、行业标准大部分处于正在制定状态，企业标准已经基本完备。中国电化学储能的相关标准涉及规划设计类、设备及试验类、施工及验收类、并网及检测类和运行与维护类等五个方面，对于国内电化学储能的发展起到了很好的指导和规范作用，确保了中国电化学储能全面的发展建设。目前正在制定的储能国家标准、行业标准和企业标准分别如表 3-3～表 3-5 所示。

表 3-3　电化学储能国家标准

序号	标准号/计划号	标准名称	进度
1	GB/T 36280—2018	电力储能用铅炭电池	已发布
2	GB/T 36276—2018	电力储能用锂离子电池	已发布
3	GB/T 36549—2018	电化学储能电站运行指标及评价	已发布
4	GB/T 36547—2018	电化学储能系统接入电网技术规定	已发布
5	GB/T 36548—2018	电化学储能系统接入电网测试规范	已发布
6	GB/T 36545—2018	移动式电化学储能系统技术要求	已发布
7	GB/T 34120—2017	电化学储能系统储能变流器技术规范	2017 年 7 月 31 日发布 2018 年 2 月 1 日实施
8	GB/T 34131—2017	电化学储能电站用锂离子电池管理系统技术规范	2017 年 7 月 31 日发布 2018 年 2 月 1 日实施
9	GB/T 34133—2017	储能变流器检测技术规程	2017 年 7 月 31 日发布 2018 年 2 月 1 日实施
10	GB/T 36558—2018	电力系统电化学储能系统通用技术条件	已发布
11	GB/T 51048—2014	电化学储能电站设计规范	已发布

表 3-4　电化学储能行业标准

序号	标准号/计划号	标准名称	进度
1	能源 20130729	电化学储能电站设备可靠性评价规程	送审稿
2	能源 20130730	电化学储能电站标识系统编码导则	送审稿
3	能源 20110401	大容量电池储能站能量转换系统技术规范	报批稿
4	能源 20110402	大容量电池储能站监控系统技术规范	报批稿
5	能源 20110403	大容量电池储能站蓄电池技术规范	送审稿

（续）

序号	标准号/计划号	标准名称	进度
6	能源 20110404	大容量电池储能站监控单元与电池管理系统通信协议	送审稿
7	NB/T 33014—2014	电化学储能系统接入配电网运行控制规范	2014 年 10 月 15 日发布 2015 年 3 月 1 日实施
8	NB/T 33015—2014	电化学储能系统接入配电网技术规定	2014 年 10 月 15 日发布 2015 年 3 月 1 日实施
9	NB/T 33016—2014	电化学储能系统接入配电网测试规程	2014 年 10 月 15 日发布 2015 年 3 月 1 日实施

表 3-5 电化学储能国网企业标准

序号	标准号/计划号	标准名称	进度
1	Q/GDW 564—2010	储能系统接入配电网技术规定	已发布
2	Q/GDW 676—2011	储能系统接入配电网测试规范	已发布
3	Q/GDW 696—2011	储能系统接入配电网运行控制规范	已发布
4	Q/GDW 697—2011	储能系统接入配电网监控系统功能规范	已发布
5	Q/GDW 1884—2013	储能电池组及管理系统技术规范	已发布
6	Q/GDW 1885—2013	电池储能系统储能变流器技术条件	已发布
7	Q/GDW 1886—2013	电池储能系统集成典型设计规范	已发布
8	Q/GDW 1887—2013	电网配置储能系统监控及通信技术规范	已发布
9	Q/GDW 11220—2014	电池储能电站设备及系统交接试验规程	已发布
10	Q/GDW 11376—2015	储能系统接入配电网设计规范	已发布

（3）氢能及燃料电池

目前，汇总国内外氢能及燃料电池储能系统相关的技术标准，大部分归类于全国燃料电池及液流电池标准化技术委员会，涉及基础通用类、设备材料类、安装类和安全环保类四个方面，如表 3-6 所示。

表 3-6　氢能及燃料电池储能国内相关标准

序号	标准号/计划号	标准名称	进度
1	GB/T 19774—2005	水电解制氢系统技术要求	已发布
2	GB/T 20042.1—2005	质子交换膜燃料电池术语	已发布
3	GB/T 20042.2—2008	质子交换膜燃料电池：电池堆通用技术条件	已发布
4	GB/Z 21743—2008	固定式质子交换膜燃料电池发电系统（独立型）性能试验方法	已发布
5	GB/T 23751.1—2009	微型燃料电池发电系统第 1 部分：安全	已发布
6	GB/T 23751.2—2009	微型燃料电池发电系统第 2 部分：性能试验方法	已发布
7	GB/Z 23751.3—2013	微型燃料电池发电系统第 3 部分：燃料容器互换性	已发布
8	GB/T 24554—2009	燃料电池发动机性能试验方法	已发布
9	GB/T 25447—2010	质子交换膜燃料电池测试台及活化台	已发布
10	GB/T 27748.1—2011	固定式燃料电池发电系统第 1 部分：安全	已发布
11	GB/T 27748.2—2013	固定式燃料电池发电系统第 2 部分：性能试验方法	已发布
12	GB/T 27748.3—2011	固定式燃料电池发电系统第 3 部分：安装	已发布
13	GB/T 28816—2012	燃料电池术语	已发布
14	GB/T 28817—2012	聚合物电解质燃料电池单电池测试方法	已发布
15	GB/T 29838—2013	燃料电池模块	已发布
16	GB/T 31035—2014	质子交换膜燃料电池：电池堆低温特性试验方法	已发布
17	GB/T 31036—2014	质子交换膜燃料电池备用电源系统：安全	已发布

3.2.2　电力储能标准框架体系

根据 GB/T 13016—2009《标准体系表编制原则和要求》标准体系表编制应具备以下原则。

1. 目标明确

标准体系表的编制，应首先明确建立标准体系的目标，不同的目标，可以编制不同的标准体系。

2．全面成套

标准体系表的全面成套应围绕着标准体系的目标展开，体现在体系的系统整体性，即体系的子体系及子子体系的全面成套和标准明细表所列标准的全面成套。

3．层次适当

列入标准明细表内的每一项标准都应安排在恰当的层次上。从一定范围内的若干个标准中提取共性特征并制定成共性标准。然后将此共性标准安排在标准体系表内被提取的若干个标准之上，这种提取出来的共性标准构成标准体系的一个层次。基础标准宜安排在较高层次上，即扩大其通用范围以利于一定范围内的统一。应注意同一标准不要同时列入两个以上体系或子体系内，以避免同一标准由两个或两个以上部门重复修定。

根据标准的适用范围，恰当地将标准安排在不同的层次上。一般应尽量扩大标准的适用范围，或尽量安排在高层次上，即应在大范围内协调统一的标准，不应在数个小范围内各自制定，达到体系组成尽量合理简化。

4．划分清楚

标准体系表内的子体系或类别的划分，主要应按行业、专业或门类等标准化活动性质的同一性划分，而不宜按行政机构的管辖范围划分。

编制电力储能标准体系过程中，主要依据 GB/T 15496—2003《企业标准体系要求》、GB/T 15497—2003《企业标准体系技术标准体系》和 DL/T 485—2012《电力企业标准体系表编制导则》，正确处理生产各环节在技术标准体系中的地位和相互关系，共同组成企业技术的标准体系。

编制电力储能标准体系，首先根据标准体系方法论，分析标准体系架构的基本要素。基于所总结的电力储能要素，归纳总结电力储能标准架构的构建原则；主要体现在标准架构必须具有全面性，能够反映电力储能的各主要技术领域；研究电力储能标准架构的组成成分，梳理电力储能标准架构的标准层次关系；电力储能架构包含的技术领域众多，涵盖各种不同形式的储能、不同的应用功能，但是生产流程却是一致的，可以分为规划设计、设备及试验、施工及验收、并网及检测和运行与维护这五个环节，这些内容本身互相关联且具有较高的独立性，明确各个内容之间的相关关系，采用关联性分析的方法，对各个领域之间的关联关系进行定性分析，在此基础上，提出电力储能标准的基本架构。

第 4 章　商业模式与前景展望

4.1　国内外储能商业模式现状与建议

4.1.1　国际储能商业模式

1．分布式光储发电的商业模式

目前，在不同的国家和地区，分布式光储发电的应用重点各不相同，美国加州在工商业领域的分布式项目居多，澳大利亚和德国市场的重点在户用储能领域，中国的光储市场则主要集中在海岛和偏远微电网。不同国家和地区的应用重点和发展程度各不相同，这与各国家的电力负荷特点、电价水平、市场政策、补贴机制、市场参与者和商业模式等息息相关。从各国家和地区的发展现状来看：美国尽管已经投运的项目不多，但加州拥有强有力的自发电激励计划（Self Generating Incentive Plan，SGIP）、补贴和税收政策、创新的商业模式以及强大的投融资市场的支持，商业和户用光储市场潜力大，在推广模式上值得借鉴；德国是拥有大量户用光伏的国家，出台储能补贴政策后，大量储能产品投放市场，但由于补贴机制设计得过于烦琐，导致将近一半的光储项目不愿申请补贴；澳大利亚虽然户用光储市场潜力较大，但目前也仅处于项目试验/示范阶段，一无补贴，二无成型的商业模式。

由于美国、德国的政策金融支持模式相对成熟，下面将重点分析美国和德国在现有政策、补贴等的支持下，参与者是如何利用金融手段发展分布式光储发电的，并以此为基础探讨中国分布式光储发电的发展模式。

（1）美国分布式光储发电的商业模式

2001 年启动的 SGIP，是美国历史最长且最成功的分布式发电激励政策之一，自 2011 年起，储能纳入 SGIP 支持范围。SGIP 由加州公共事业单位负责实施，每年为储能分配合计约 8300 万美元的补贴预算，一直持续到 2019 年。针对 1 MW 以下的储能系统，SGIP 的补贴标准为 1.46 美元/W。另外，针对 2015—2019 年期间的项目补贴，评估标准进行了一些改进：①在系统有效生命周期内，温室气体减排的成本有效性将决定着该系统是否合格以及补贴的水平；②系统必须能够减少客户在不同时段的高峰用电需求，以及提高当地用电稳定度。

第一种：Tesla 和 SolarCity 的商业模式。

Tesla 和 SolarCity 是美国分布式光储发电市场上最为活跃、最具代表性的企业，两者建立了良好的合作关系，很好地推动了分布式光储发电在美国市场的发展。本部分将以 Tesla 和 Solarcity 为例，详细分析这两个公司的业务开展情况，结合以上分析的美国分布式光储发电政策及投融资情况，帮助读者更好地了解美国市场上分布式光储发电的主要商业模式。

尽管截止到 2014 年底，SGIP 资助投运的储能项目中并没有 Tesla 的身影，但就 2015 年 1～4 月 SGIP 支付的最新情况来看，Tesla 的储能业务即将爆发，无论是在光储模式还是在非光储模式的项目中，从申请 SGIP 资助的储能项目容量（包含规划、审批、在建和投运）来看，Tesla 都将占据最大的份额，如表 4-1 所示。

表 4-1　申请 SGIP 支持的光储模式项目技术供应商分布情况

技术提供商	项目数量/个	数量占比（%）	项目容量/kW	容量占比（%）
Tesla	422	83	4965	59
REP Energy/Eaton Crop	55	11	1400	17
Desert Power	1	0	1000	12
Green Charge Networks	7	1	515	6

（续）

技术提供商	项目数量/个	数量占比（%）	项目容量/kW	容量占比（%）
Sunverge	8	2	166	2
Aquion Energy	1	0	95	1
Coda	3	1	70	1
Outback Power	7	1	53	1
Concorde Battery Corppration	5	1	44	1
Stem	1	0	36	0
Sharp	1	0	30	0
总和	511	100	8374	100

另一方面，Tesla 公司在 2015 年 4 月 30 日公布了其家用电池及大型公用事业电池计划。其中家用电池可储存太阳能或混合能源，在非用电高峰期存储较为廉价的电能可以帮助电网保持平衡，并为部分消费者节约 20%～30%的电费。SGIP 的数据和这一计划的公布无不预示着 Tesla 在未来光储市场的巨大潜力和主力军作用。

SolarCity 和 Tesla 在光储领域建立了紧密的合作关系。截止 2014 年 6 月，SolarCity 公司的用户数累计超过 14 万，累计光伏装机容量 756 MW。由于 SolarCity 的创始人 Elon Musk 也是 Tesla 最大的股东，因此两公司的合作顺理成章。SolarCity 于 2013 年开始在其服务产品中添加储能类别，并在加州推出储能试应用计划。该计划实施到现在，SolarCity 不仅在 300 个拥有光伏板的家庭中配套安装储能，而且在加州 11 家沃尔玛分店安装了电池储能，同时还计划在夫勒斯诺市嘉吉公司的厂区安装 1 MW 的电池储能。整个试应用计划帮助 SoalrCity 和 Tesla 完善了系统与服务环节中出现的漏洞。

Tesla 和 SolarCity 在分布式光储发电中的商业模式：Tesla 在光储领域中的运作主要是通过与 SolarCity 的合作来实现的，而 SolarCity 通过与 Tesla 的合作成功地在其光伏发电系统中引入储能环节，并进入储能领域，二者共同实现的分布式光储发电商业模式主要有以下几个要点。

- 锁定最具商机的商业和民用领域

根据 SGIP 数据库，商业和民用领域将成为 Tesla 储能最先大规模应用的领域，其中，民用领域项目数量最多，而商业领域总储能装机规模最大，如表 4-2 所示。同时，SolarCity 选用 Tesla 的产品后，推出的服务产品也首先在商业和民用领域展开应用。

表 4-2　Tesla 处于 SGIP 申请流程中的光储项目

应用领域	项目数量/个	容量/MW	产品类型
户用	379	1.9	计划全部采用 5 kW 的储能产品
商用	33	2.5	计划大部分为 30 kW 的电池储能，也有部分采用 200 kW 或 300 kW 的电池储能产品
政府	9	0.6	将主要采用 29.99 kW 电池储能，部分采用 60 kW、90 kW 或 200 kW 的电池储能产品

SolarCity 和 Tesla 选择这两个市场作为目标市场是有其市场原因的。目前对电力用户的电费账单影响最大的主要是分时电价和需量电价。根据 Strategen 的测算，在加州商业用户的账单管理中，通过储能系统节省的需量电费给客户带来的价值比通过节能带来的价值大 14 倍。而分时电价也推动着 SolarCity 的主要居民用户（一般是中产阶级，每月用电量较高）购买储能：一方面降低电费；另一方面提供紧急电力备用。

- 通过 B2C 模式拓展家庭用户

美国的主要屋顶光伏开发商都开通了电商平台，SolarCity 的光储产品也将通过此方式进入户用市场。用户通过网络即可实现登记需求、提交订单、选择产品、测算成本以及申请融资等功能。项目建成后，还可以通过网络平台远程监控系统状态。通过引入 B2C 模式，开发商提升了用户体验，抓住了屋顶资源和储能市场，并降低了营销和运营成本。

- 为用户提供多种合同支付形式，促进分布式光储发电模式的应用

除加州以外，在美国其他州以及世界上其他国家的光伏市场不活跃、储能市场未启动时，SolarCity 能够将光伏产品大规模地安装在用户屋顶，并推出 DemandLogic 系统和 GridLogic 系统，将储能打入市场，这与 SolarCity 独具创新的商业模式是分不开的。

目前，针对包括储能系统在内的所有产品，SolarCity 为用户提供了多种合同支付形式，包括买断设备、光伏租赁和购电协议（PPA），以促进光储式系统的应用。

1）买断设备。

买断设备的方式在市场中比较常见，主要是指用户可选择一次性买断设备，自发自用，自行维护。

2）光伏租赁。

光伏租赁业务是 SolarCity 的独创业务，主要应用在 SolarCity 的居民项目中。该业务与美国净计量电价（Net Metering）政策紧密相连。净计量电价政策下采用净计量电能表，居民用户只须支付净额用电量的电费。用电量超过光伏发电量时，居民用户向电力公司购买相应电力；光伏发电量超过用电量时，居民用户则会得到一个基于零售价格的信用额度（可在下期使用）。

在光伏租赁模式下，SolarCity 与居民用户签订 20 年协议，为居民用户建设及维护屋顶光伏系统提供发电服务；SolarCity 对发电量作出保证，若未达到发电量，SolarCity 需补偿。

在使用 SolarCity 的光伏系统后，居民用户大幅节省电费，并从每月节省下来的电费中拿出一部分支付给 SolarCity 作为光伏租赁费（租率根据是否提交少量安装费而定）。使用光伏系统后的净额用电量电费加上光伏租赁费，还少于之前的电费。对居民用户来说，不仅能够使用绿色电力，且每月提交的电费得到降低，故这种免去大笔初装费用又能（实质上）享受低价绿色电力的做法大受居民用户的欢迎。

3）购电协议（PPA）。

PPA 业务主要应用于 SolarCity 的商业项目中，实质上也是通过提供低价绿色电力来吸引商业客户的。PPA 可以细分成两种模式：大型商业项目模式和小型商业项目/居民项目模式。

大型商业项目模式：SolarCity 和商业用户及电力公司签订第三方协议，SolarCity 建设和维护光伏系统，将电出售给电力公司，并根据发电量每月收取电力公司的费用；电力公司收购光伏电并出售给商业用户；商业用户让出屋顶并支付低于常规电力的电费。

小型商业项目/居民项目模式：跟光伏租赁模式类似，SolarCity 直接出售价格较低的光伏电给用户（主要以小型商业项目和一些居民项目为主），5 年之后用户可以在任何时间内收购自己屋顶的光伏系统。

第二种：Green Charge Networks 的商业模式。

该公司位于加州，主要为美国的公司、院校和城市提供储能解决方案。用户通过增加自发自用，降低高峰需量电费（该项费用通常占电费账单的一半以上），从而减少了电费。通过免初装费用，该公司帮助用户降低风险，使得用户更愿意接受安装系统，同时公司对用户节约的电费进行分成，具体商业模式如图 4-1 所示。

Green Charge Networks 用的是三星 SDI 的锂电池。目前安装的系统容量为 60 kW • h～2 MW • h。Green Charge Networks 拥有这些系统，并控制电池运行。该公司有一个具备学习能力的嵌入式软件，可以根据需求优化电池充放电。系统的安装和维修是免费的，用户电费账单所节约的费用在用户和 Green Charge Networks 之间进行分成，合同通常为 10 年。

Green Charge Networks 也积极参与 CAISO 市场，利用用户储存的容量参与日前市场中，帮助电力系统平衡。用户负荷曲线、电费结构以及能源利用情况，对于实现商业化应用比较关键。该模式同时也取决于加州现有的激励计划。该公司为用户提供了三种模式：直接合作模式、联合光伏企业与用户进行合作的模式和联合公共事业与用户合作的模式。

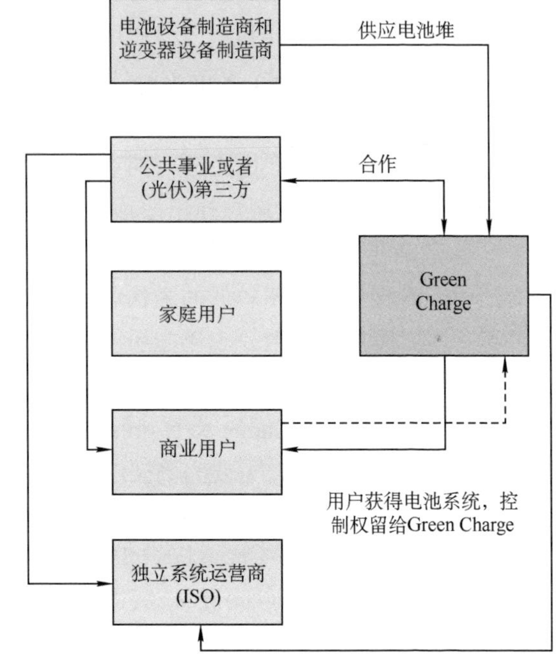

图 4-1　Green Charge Network 的商业模式

（2）德国分布式光储发电的商业模式

不断下降的成本，日益增加的可再生能源发电，以及能源体系的快速变革共同推动着储能时代的来临。目前，用户侧分布式储能已经呈现出多种发展模式。

第一种：SENEC.IES 公司开展的“免费午餐”模式。

SENEC.IES 公司是一家德国能源供应公司，自 2009 年成立以来，在德国安装了超过 6000 个储能系统，成为光伏+储能领域的市场领导者之一。该公司的主要业务是销售电池，目前有 2000 个用户参与到他们的“Econamic Grid”计划中，获取“免费的电力”。其商业模式如图 4-2 所示。

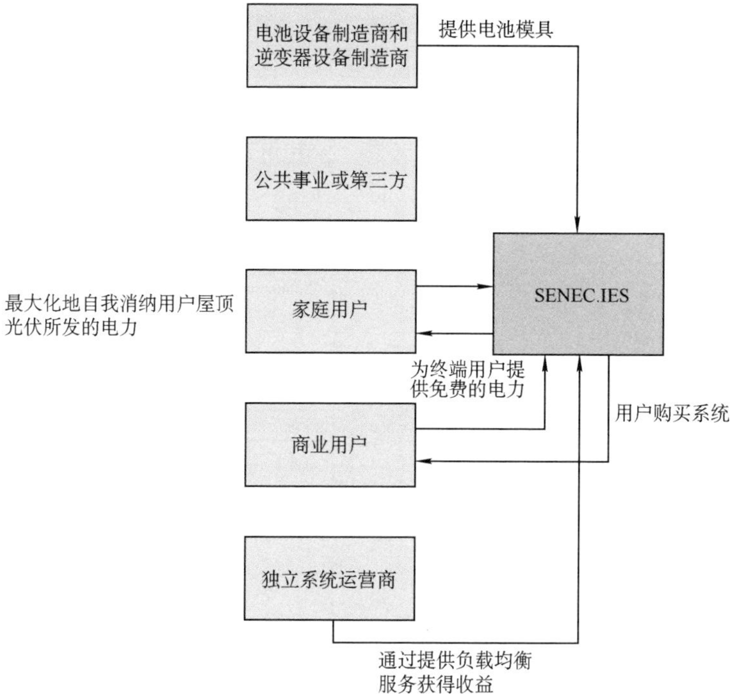

图 4-2　SENEC.IES 的商业模式

SENEC.IES 对电池有主要的控制权，当电网零电价时控制电池从电网充电。用户主要通过最大化地自我消纳屋顶光伏所发的电力，以及使用 SENEC.IES 提供给用户的“免费储存的电力”，实现更低的电费账单，进而获益。

目前，除了免费的电，用户没有收到任何提供辅助服务的费用。按照目前的零售电价水平，每个用户每年最多收到 800 kW • h 的电力，可以获得超过 200 欧元的辅助服务费。事实上，拥有一个小容量电池储能的用户不太可能获得如此高的费用，因为这意味着要进行 100 多次的充放电循环。用户需要 SENEC.IES 提供特定的负荷曲线电量，并且每年必须支付 20 欧元电网使用费。

第二种：Fenecon/Ampard 开展的虚拟电厂模式。

Fenecon 是 BYD 的德国经销商。Ampard AG 是一家瑞士公司，主要开发和运营用于最大化自发自用并将储能聚集起来的智慧能源管理系统。两家公司合作，将 Ampard 的能源管理模块与 Pro Hybrid 储能系统集成起来，使其可以在用户侧被用作虚拟电厂。其商业模式如图 4-3 所示。

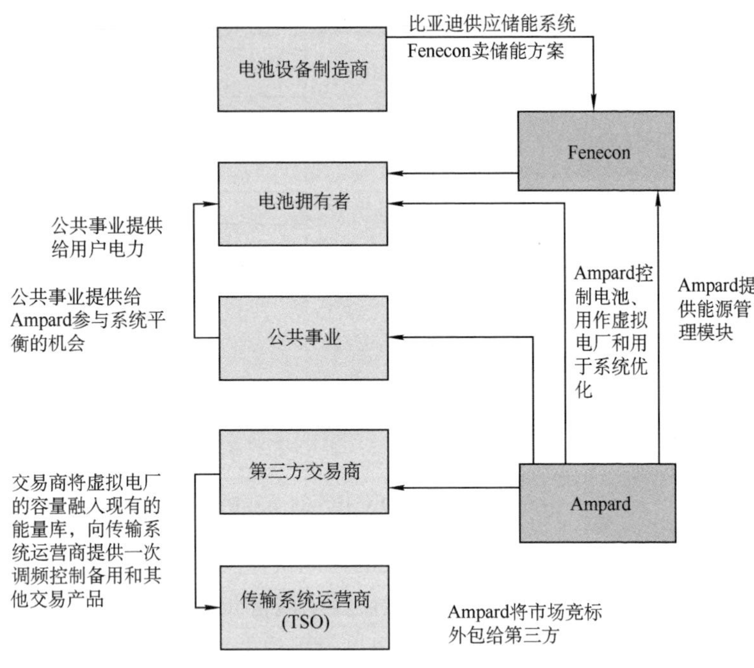

图 4-3　Fenecon/Ampard 的商业模式

用户为了增加自发自用而购买储能系统，Ampard 利用他们的能源管理系统（Ampard Energy Manager）将这些系统管理起来，为这些储能系统增加虚拟电厂的功能，并提供一次调频控制备用等服务。Ampard 负责控制和管理这些电池。在瑞士，Ampard 控制的系统首次在 2015 年 12 月以虚拟电厂的形式提供了一次调频控制备用服务。目前，Ampard 和瑞士公共事业 BKW 合作，连接了大约 150 个系统，用作虚拟电厂。2016 年第二季度，德国也将效仿该做法。

Ampard 没有和电网传输组织（TSO）签订合同，而是利用中间人（第三方）来降低风险。Fenecon 的能量库可以保证 4 年时间，每年提供给用户 400 欧元的收入，Fenecon 声称每年还可能为用户提供 400～500 欧元的额外收益。

第三种：MVV Strombank 的商业模式。

MVV Strombank 是德国区域能源供应商 MVV Engergie 主导开发的一个研究项目，该项目正在寻找能够为商业和居民用户提供储能，为 DSOs 提供降低可再生能源自发电对电网产生影响的潜在方案。Strombank 是为相邻的用户提供储能的社区储能系统。其商业模式如图 4-4 所示。

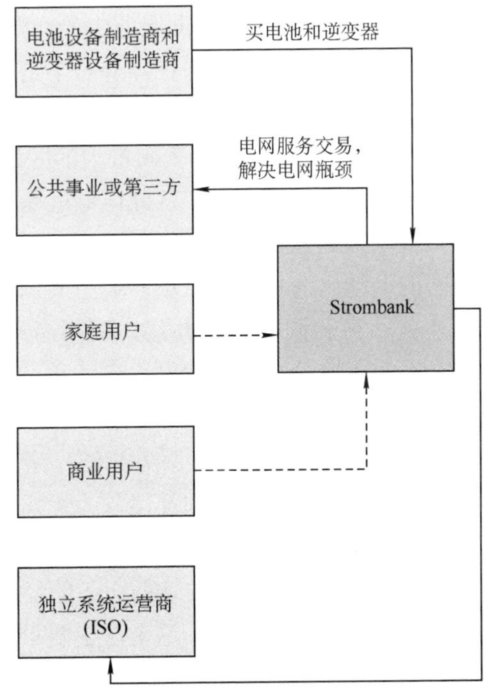

图 4-4　MVV Strombank 的商业模式

目前，该项目包括 14 个用户（装有光伏）和 4 个商业用户（装有热电联产），总共有 16 个光伏发电机组和 3 个热电联产机组与系统相连。Strombank 的概念是指希望通过该项目帮用户建立一个可以收支能源的“活期账户”。安装了光伏个人用户和热电联产商业用户的需求与发电曲线被设计成互补的，以便于最大限度地利用电池。

账户的限额为 4 kW • h，但现在需要与用户的用电情况相匹配。Strombank 在未来将呈现出来的一个优势是，这种系统规模的、共享型电池，其成本比在用户侧安装大量储能的成本要低很多。将电网运营商紧密地引入到这种共享型储能系统的运行中，能够使得系统具备帮助解决本地电网限制，同时获得更多服务收益的机会。

2．电储能在电力辅助服务中的商业模式

电储能参与辅助服务在国外有丰富的经验可以借鉴。电储能已经在美国多个电力市场的 AGC 服务中实现规模化应用，总容量超过 100 MW。PJM 是美国最大的区域供电商之一，自 2012 年起开始运营新调频市场，从此电储能系统开始参与辅助服务，并与常规电源进行竞争。过去，该调频市场只提供单一的容量补偿，相同的调频出清价格导致不同类型的调频方式。只要调频容量相同，就获得相同的辅助补偿，而不考虑调频服务的质量。美国 FERC 负责监管本国批发电力市场和设计顶层市场规则，以保证电力市场的公正、公平和充分竞争。2011 年 10 月，FERC 发布关于《批发电力市场的调频服务补偿》，推出两部补偿机制，强调对调频容量与调频效果分别补偿，为优质调频电源参与市场提供了良好的政策环境。

国外已有电储能参与辅助服务的经验。2010 年，加州立法机构通过了 AB 2514 法案。这个法案要求加州最大的三家投资者拥有的电力公司（Investor Owned Utilities，IOU）在 2014—2020 期间购买 1325 MW 的储能系统，而这些储能系统必须在 2024 年以前部署完毕。2014 年的采购目标是 200 MW，但是这三家 IOU 已经（或正在）购买高达 350 MW 的储能系统。

除了要求 IOU 以外，AB 2514 也要求公共电力公司（Publically-owned Utilities）设定适当的储能采购目标。在南方公共电力机构（Southern Public Power Authority）的 12 家公司中，有 8 家决定由于储能系统缺乏成本效益而不设采购目标；有两家响应现有的储能系统，且已满足现有的需求。

3．动力电池梯次利用的商业运行模式

全球各国都在积极开展动力电池梯次利用方面的试验研究和工程应用，其中日本、美国和德国等国家发展比较早，并且已经有一些成功应用的工程和商业项目。

动力电池再利用商业模式需要建立多方面的合作机制。首先需要通过推行回收责任制建立回收利用网络，保证再利用电池来源；其次，电池回收提供商必须与上下游建立紧密联系，再通过电池回收、电池评价和二次再装配利用等环节，由于再回收和新能源汽车运营中的电池运营商密切相关，最佳方式是由运营商、汽车厂和电池企业合资建立电池服务模块，承担动力锂电池的再利用业务，对再装配电池可以考虑通过电池租赁或者零售等方式应用在终端客户上。

Savaskan 等指出，在由零售商销售产品的情形下将产品回收分为三种模式：制造商直接从顾客手中收集废旧产品，通过零售商从顾客手中收集废旧产品，或通过第三方回收公司从顾客手中收集废旧产品。Spicer 和 Johnson 也认为，为了执行生产者责任延伸制度，有三种途径：OEM 回收（生产商自己回收）、联合回收（建立 PRO 组织开展回收活动）和第三方回收（与第三方服务商达成协议，由其代生产商回收）。因此，建议国内新能源汽车动力电池的回收也可以采用以下三种模式：基于制造商负责回收、基于销售商负责回收以及基于第三方公司负责回收。动力电池梯级回收商业模式如图 4-5 所示。

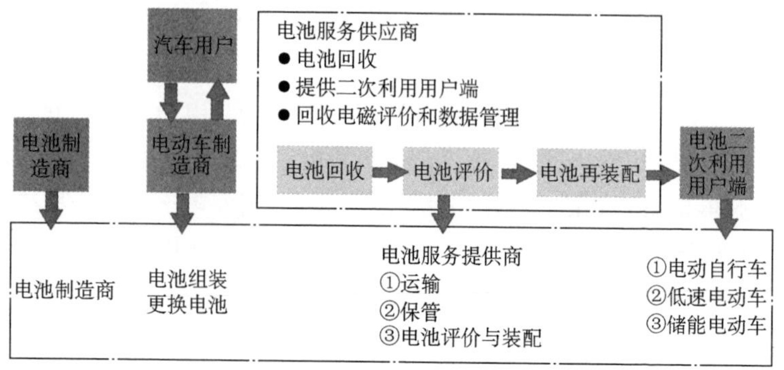

图 4-5 动力电池梯级回收商业模式

（1）日本

日本非常重视动力电池的回收利用，早在电动汽车推广之前，就已经考虑了动力电池的梯级利用问题。

日产汽车在聆风上市之前就和住友集团合资成立了 4REnergy 能源公司。该公司从事电动车废弃电池的再利用，总投资额 4.5 亿日元，日产占合资公司 51%的股份，住友集团则占剩下的 49%。公司目标是开创崭新的结构流程及市场，将汽车内长寿命、能源密度高的蓄电池以不同用途灵活运用。日产相信 4R Energy 合资公司将发挥电动车锂电池的剩余价值，目前已开发了标称功率分别为 12 kW、24 kW、48 kW、72 kW 和 96 kW 的家用和商用储能产品。

（2）美国

美国对动力电池梯级利用研究较为全面，他们对动力电池经济效益、技术及商业可行性分析和梯次利用尝试等方面都进行了系统的研究。

从 2011 年开始，通用汽车与 ABB 开始合作试验如何利用雪佛兰 Volt 沃蓝达的电池组采集电能，回馈电网并最终实现家用和商用供电。2012 年 11 月，通用汽车公司与 ABB 在美国旧金山共同展示了一项未来电池再利用的全新尝试：将五组使用过的雪佛兰Volt沃蓝达蓄电池重新整合入一个模块化装置中，可以支持3～5个美国普通家庭2 h的电力供应。未来，类似应用将为一些家庭及小型商用楼在停电时提供备用电能，在电价优惠时段储存电能供高峰时段使用，或弥补太阳能、风能或其他可再生能源发电中的缺口。

（3）欧洲

早在2010年，TUV南德意志集团受到Germany Federal Institute for Building的委托，参与电动汽车电池阶梯利用的研究项目。该项目得到德国能源与气候研究机构的资金支持，项目规划在德国柏林建立储能应用示范工程。

2015年，博世集团、宝马和瓦滕福公司就动力电池再利用展开合作项目，该项目利用宝马ActiveE和i3纯电动汽车退役的电池建造2 MW/2 MW • h的大型光伏电站储能系统。该储能系统由瓦滕福公司负责运行和维护，项目建在德国柏林。

4.1.2 国内现有储能商业模式现状

根据中国政府的规划，到2020年，全国风力发电装机容量达到200 GW，光伏发电装机容量达到100 GW。可再生能源发电配备储能系统已经成为一种刚性需求，一般的配比为5%～20%。以此推算，到2020年时，中国仅可再生能源发电市场就需要15 GW以上的储能系统，以2～4倍的容量/功率比计算，需要30 GW • h以上的储能电池规模。

1．分布式光储发电的商业模式

目前在国内，主要是电网公司和发电集团牵头开展分布式储能的示范工作，采取项目申请、核准和审批的方式开展。项目资金主要来源于企业自有资金+银行融资+科技项目支持，收入来源主要是电力出售，由于储能成本较高，单纯靠电量收入不可能存在经济性。除了海岛和偏远地区这种对储能的营利性要求不高的特定场景，其他分布式光储发电目前尚无一套成型的商业模式推动其商业化。

对比国外，国内分布式光伏正面临融资困难和投资回收期长等问题，储能产业面临技术不成熟和成本太高等问题，要推动分布式光储发电的规模化发展，一方面需要解决光伏的商业模式问题，另一方面需要解决储能技术经济性问题。对储能系统给予补贴是解决储能技术经济性的有效途径。

参考国外储能补贴政策，国内也应在储能激励计划中，针对以下五个方面制定详细的方案与策略：

- 满足申请需要达到的技术指标
- 补贴资金规模与奖励标准
- 技术与项目的评价体系
- 基于绩效的奖励机制与结构
- 项目信息库的建立与管理

2．电储能在电力辅助服务中的商业模式

2013 年 9 月 16 日，北京京能电力股份有限公司石景山热电厂（以下简称石热电厂）3 号机组 2 WM 锂离子电池储能电力调频系统正式运行，这是中国第一个以提供电网调频服务为主的兆瓦级储能系统示范项目，也是全球第一个将储能系统与火电机组捆绑联合响应电网调频指令的项目。该项目以合同能源管理方式实施，储能系统由睿能和北京源深节能技术有限责任公司（隶属于京能集团）共同投资，睿能负责研发、建设和维护，石热电厂主要负责安全运行。其运营模式被称为“联合调频”。简单说，就是按照电厂原有的基本调频准则进行调频，包括对技术与补偿方式等进行优化。相当于把储能系统看作一个发电厂，而不是单独看作一个调频的储能元件，这样就不用单独为其制定一套办法和准则，产生的增量收入由三方按比例分成。这种模式不仅找到了进入调频市场的良好切入点，也得到了能源局、电网和电厂各方的支持。

2016 年 6 月，国家能源局发布《关于促进电储能参与“三北”

地区电力辅助服务补偿（市场）机制试点工作的通知》（以下简称为《通知》），确定了电储能参与调频调峰辅助市场服务。“三北”地区各省（区、市）原则上可选取不超过 5 个电储能设施参与电力调峰调频辅助服务补偿（市场）机制试点，已有工作经验的地区可以适当提高试点数量，在保障电力系统安全运行的前提下，充分利用现有政策，发挥电储能技术优势，探索电储能在电力系统运行中的调峰调频作用及商业化应用，推动建立促进可再生能源消纳的长效机制。

- 在发电侧建设的电储能设施，可与机组联合参与调峰调频，或作为独立主体参与辅助服务市场交易。
- 在用户侧建设的电储能设施，可作为独立市场主体或与发电企业联合参与调频、深度调峰和起停调峰等辅助服务。

此次《通知》首次明确了储能的辅助服务市场主体地位，要求各方应促进发电侧、用电侧电储能设施参与调峰调频辅助服务。在发电侧建设的电储能设施，可与机组联合参与调峰调频，或作为独立主体参与辅助服务市场交易。其中，作为独立主体参与调峰的电储能设施，充电功率应在 10 MW 及以上、持续充电时间应不少于 4 h。电储能发电电量等同于发电厂发电量，按照发电厂相关合同电价结算。在用户侧建设的电储能设施，充电电量既可执行目录电价，也可参与电力直接交易自行购买低谷电量；放电电量既可自用，也可视为分布式电源就近向电力用户出售。用户侧建设一定规模的电储能设施，可作为独立市场主体或与发电企业联合参与调频、深度调峰和起停调峰等辅助服务。

参考该《通知》，无论是新能源基地、发电厂，还是分布式储能系统，都具备参与“三北”地区调峰调频的身份。从目前市场看，此应用收益情况取决于调峰调频的结算方式，为集中及分布式储能系统提供了新的市场空间。储能的投资主体可以是发电企业、售电公司、电力用户、独立辅助服务供应商、工商业企业、小区用户或楼宇用户等。

借鉴美国电储能参与辅助服务的经验，中国的电力公司同样可作为储能业主，通过在电力系统内配置储能设备，为电网安全稳定运行提供支撑。2016 年 6 月发布的《通知》确立了电储能参与电力辅助服务的身份，以下几方均有参与的可能。

1）发电企业。在风电场、光伏电站配置电储能，通过电储能促进新能源消纳，同时为电网提供辅助服务，获取辅助服务收益；带有售电功能的发电企业有望通过储能系统为用户提供更优质的电能，打造核心竞争力。

2）电网公司。购置储能系统参与辅助服务，替代部分常规机组，改善电网运行的技术经济性。

3）售电公司。推动辅助服务市场须以健全的电力交易市场为根基，售电公司的发展空间扩大；市场加速规范，利于售电公司发展；另外售电公司可通过辅助服务打造核心竞争力，通过储能系统为售电客户提供更高质量的电能，提升盈利能力。

4）工商业和住宅用户。配电网侧统一调度用户侧的分布式储能，为电网提供辅助服务，用户可获取收益。

3．动力电池梯次利用的商业运行模式

关于动力电池梯次利用，国内从近几年才开始开展相关的理论研究和示范工程，步伐相对慢一些，成规模的商业化运作还未真正开始。

动力电池的使用周期一般是 5～10 年，目前国内一年销售 2000 多万辆汽车，将来即便其中只有 5%是电动汽车，量也会非常巨大。当这部分汽车退役报废时，如何处理这些电动汽车和电池，如何构建环境友好的生态链，这些问题都需要提前考虑。目前中国相关政策已明确提出，动力电池的回收主体是车企，但事实上，很多车企在接到任务后，仍然会将具体工作委托给动力电池厂商来完成。动力电池系统是个高压体系，而且某些电池的特性决定其不能实现 100%的放空电，因此退役电池仍然处于带电状态。如果将这些带电的退役电池交给非专业人士处理，会加大回收再利用的危险系数。因此，将动力电池的回收工作交给专业的电池企业，会更加稳妥。

能否建立起经济可行并且能够持续健康运行的梯次利用商业体系，还取决于以下因素：①是否具备梯次利用的技术能力和市场策略，包括从电动汽车上拆卸动力电池包，检查系统是否具有梯次利用能力，将电池系统拆解并重新组成新系统，为梯次电池系统的运行提供维护服务等相关方面的技术能力，以及选择合适的领域开展商业化的梯次利用项目；②动力电池的梯次利用产业链，涉及到用户（车主或商业运营单位）、车企、动力电池企业和梯次利用企业，如何创造一个共生共赢的产业链生态圈，必须要考虑。如果仅仅是后端的梯次利用企业获利，那么用户、车企和动力电池企业就没有足够的动力去参与和推动动力电池的梯次利用，产业规模就难以形成。这既需要政府层面建立相关规范和标准，也需要产业链各环节的企业紧密合作。

电动汽车退役的动力电池在未来能源互联网中将起到日益重要的作用。若实现退役电池在电力系统储能领域的梯次利用，则其未来储能容量将高于届时在运电动汽车自身的充放电调节能力。因此，建议在动力电池梯次利用领域尽早布局，尽快建立动力电池回收、拆解和重组等相关标准体系，并在动力电池回收、梯次利用技术研发及企业运营方面给予政策扶持。

4.2　储能规模化应用相关建议

综上所述，储能技术已在电力系统中的多个环节开展应用，但除国外的光储发电和储能系统参与电力辅助服务具有较成熟的商业模式外，其他领域商业模式并不清晰，并且鉴于国内的电力市场环境与国外差异较大，国外的商业模式可以借鉴，但不可照搬。本书通过对商业模式典型要素的研究，期望以点带面，以能源互联网发展和电力改革为背景，探讨在中国电力市场背景下可行的储能系统商业运行模式。

1. 以用户为中心，提升产品价值

从定位中寻找创新，商业模式中企业定位确定了企业满足利益相关者需求的方式，不同于企业的战略定位是确定市场在哪里，能提供什么样的产品和服务，深入行业价值链的哪些环节等。商业模式定位主要强调的是方式，即达成营利的方式。用户想安装一套储能设备，这是一个确定的客户需求，但是满足这个需求的方式可能有很多种：企业自己生产后再安装；企业通过购买其他厂家的产品满足用户；企业可以提供给客户各种零配件去选择，然后让用户自己根据需求定制终端；企业还可以通过连锁店或者众筹的方式满足用户需求，并且除根据用户需求提供储能设备外，还可以通过附加能量管理平台提升产品价值，总之可以选择各种不同的方式来满足用户需求。大致上，所创造的价值可以归结为促进用户节能增效、提高资产利用效率和提升系统运行效益三大类。

1）促进用户节能增效。如通过利益共享甚至众筹等商业模式，为用户安装储能系统。在经济可行的前提下，该商业模式将有利于快速发现具有投资机会的用户，并快速匹配资金、技术与专业的服务资源。又如构建基于 SaaS 模式的能效管理平台，对企业、园区和校园等用户的用能状态、储能状态进行全方位评估，设计个性化的节能解决方案，使用户的用能行为对能源系统更加友好，实现用户的管理节能与技术节能，降低用户的用能成本。

2）提高资产利用效率。如通过整合用户侧已配置的闲散、冗余和性能受限的储能电池资源，可以形成类似“能量 Uber”的电池租赁、配送与交易平台。平台运营商为用户构建一个储能电池的信息发布和交易匹配平台。用户可以通过该平台发布自己电池当前的状态，获取其他用户的能量需求，在平台上实现能量的供需匹配，开展电池的租赁业务，从而盘活电池的存量市场，提高电池的利用效率，为电池租赁双方创造价值。又如充分整合电网、热网和气网等能源网络的生产设备与管网资源，构建相互协调、多能耦合的综合能源供应体系，可同时面向用户提供可调节、可转化的能源服务，充分利用不同能源系统在时段上的错峰效应与调节能力，提高整个能源体系的设备利用率与运行负荷率；其商业模式可以通过系统运营商或第三方服务提供商，向用户提供“电、热、冷、气”多种形式能源互补搭配的“能量套餐”，省却用户“多头购买”之苦，又充分挖掘了资产的利用率。再如可通过众筹等灵活的手段，将能源设备的建设与能源消费在投资阶段就关联起来，使得更多的资金可以投入到利用效率较高的固定资产之中，提高基础设施建设的融资效率，缩短投资回报周期，降低投资风险。

3）提升系统运行效益。如成立储能聚集商的运营主体，通过对用户的用能行为进行科学管理，充分挖掘用户的需求响应等各种资源，参与实时电能市场或辅助服务市场，降低系统的运行成本，实现用户与运营主体之间的双赢。又如成立虚拟电厂运营主体，通过先进的信息通信技术和软件系统，实现分布式电源、储能系统、可控负荷和电动汽车等分布式资源的聚合和协调优化，并作为一个特殊的电厂整体参与到能量市场、辅助服务市场的交易中，为系统运行提供一类“化整为零”的额外调节资源，满足互联网时代“零边际成本”的理念。

4）提供一体化设备，提升产品价值。如用户需要配置一套分布式光储发电系统，以用户为中心，储能设备厂商也可与光伏、变流器设备厂商联合，组成一体化系统，提高面向用户的产品价值。

2．基于互联网技术，扩展分销渠道

分销渠道是随着时间、环境的变化而不断演变发展的。随着互联网的发展和应用，企业所面临的市场环境发生了深刻的变化，这同时也给企业管理的各个层面带来了深远的影响。作为与市场联系最紧密、最敏感的分销渠道，同样也面临着变革和挑战。由于互联网不受地域和时间的限制，企业可以不必借助批发商和零售商的营销即可实现产品销售。同时由于互联网的虚拟性，企业可以不必设置大规模的产品展示空间和中转仓库。另外，互联网具有即时互动的沟通功能，可以使企业和客户之间实现深层次的双向沟通，提高沟通效率。作为一种渠道资源，互联网扩展了交易范围，有效缩短了交易时间，降低了交易成本和渠道运行费用。储能设备厂商同样可借助互联网技术扩展自己的销售渠道。

1）B2C 模式。开通电商平台，走近用户市场。用户通过网络即可实现登记需求、提交订单、选择产品、测算成本以及申请融资等功能。项目建成后，还可以通过网络平台远程监控系统状态。通过引入 B2C 模式，开发商可以提升用户体验，抓住储能市场，并降低营销和运营成本。

2）CPS 模式。包括第三方 CPS 平台及自营 CPS 平台。目前电子商务比较主流且固定的渠道推广就是 CPS 模式，通过推广产生有效的订单后，再进行比例分成。如果网站主不能带来销售额，广告主不用支付任何广告费用，那么这会是一种零风险的实效营销方式，需要制定超越竞争对手的联盟分成政策，增强竞争力，还需要有专人结算与维护。企业也可以建立自己的 CPS 联盟，一旦发展起来，就可以和第三方 CPS 平台形成补充，带来更大的销量比例。

3. 多元化成本构成，降低储能门槛

在国家储能补贴政策的激励下，储能设备厂商、用户和第三方等可以通力合作，充分调动各自的技术、资本优势，以及市场经验，引导储能系统探索更新的商业模式，形成适用于中国市场的商业化推广模式。

1）用户投资。用户出资一次性买断设备，根据电力市场价格机制，如峰谷分时电价、可中断电价等，自行设定储能系统运行模式，储能设备可由用户自行维护，或由储能设备厂商提供售后运维服务。该模式适用于储能投资收益率较高场景，由于现阶段电池储能系统度电成本较高，国内现行峰谷价差有限，储能的推广应用仍需相关补贴政策支持。随着储能技术水平提升、成本降低以及相关政策和电价机制的完善，储能将具备规模化推广应用的条件。

2）设备厂商和用户联合投资。储能设备厂商和用户共同投资购置并维护储能设备，按照投资比例进行收益分配。在目前储能成本居高不下的背景下，用户有储能购置需求，但受制于资金，储能设备厂商需要出售设备回笼资金，采用储能设备厂商与用户共同投资的模式可以分散用户投资压力和储能设备厂商的销售压力。并且在该模式下，储能设备厂商的参与可为设备维护、废旧设备回收提供技术背景。

3）租赁模式。储能设备厂商、电力公司或第三方（如专业投资公司）负责储能设备的购置和维护，将储能设备租赁给用户，用户支付租赁费用，储能设备的运营过程由用户安排，储能设备厂商、电力公司或第三方不参与。对于用户来说，分期付款方式可以消除初期投资成本过大的障碍，降低储能设备应用门槛，有利于促进储能设备规模化发展。

4）众筹模式。在用户投资模式下，通常需要长期贷款，不利于储能系统的快速推广应用。众筹模式是指通过公开发布募集项目资金，进行融资，购置储能设备，可采用将设备租赁给用户、自主运营或第三方运营等不同的模式。

综上所述，短期内储能应用的商业模式将存在用户投资、用户和储能设备厂商共同投资、用户租赁和众筹等多种模式共存，随着储能成本下降，政策激励等外部条件的作用，储能商业模式逐步演化。

4．多元化收入模型，提升收益

企业的盈利模式是企业获取利益及分配利益的方式，同一个产品，可以直接销售产品，转移产品的所有权；也可以保留产品的所有权，转让其使用权，收取租金，这是租赁；还可以销售产品生产并作为投资工具。因此同样的企业类型，不同的盈利模式给企业带来的收益是大相径庭的。

1）业主自用。对于工商业用户，基于两部制电价制度，用户可通过配置储能设备，在用电低谷时段存储电能；在用电高峰时段，储能系统输出电能供用户使用，降低最大负荷，节约需量电费，还有可能降低配电设备成本。对于风电场/光伏电站，通过配置储能设备提高可再生能源对电网的友好性，通过增加的上网电量获取收益。

2）自用+租赁。2016 年 6 月国家能源局发布《关于促进电储能参与“三北”地区电力辅助服务补偿（市场）机制试点工作的通知》，确定了电储能参与调频调峰辅助市场服务。该《通知》要求：在用户侧建设的电储能设施，充电电量既可执行目录电价，也可参与电力直接交易自行购买低谷电量；放电电量既可自用，也可视为分布式电源就近向电力用户出售。用户侧建设一定规模的电储能设施，可作为独立市场主体或与发电企业联合参与调频、深度调峰和起停调峰等辅助服务。

借鉴共享经济概念。共享经济是指拥有闲置资源的机构或个人有偿让渡资源使用权给他人，让渡者获取回报，分享者利用分享他人的闲置资源创造价值。

通过签订协议，分布式储能或集中式储能业主除让储能设备为自身服务外，还会分时将储能设备让渡给第三方，允许储能设备接受统一调度，为系统提供辅助服务并收取容量费用，在目前储能成本较高、投资回收期较长的背景下是值得探讨的商业模式。

第5章　储能技术在送端电网中的应用分析

5.1　储能在新疆电网中规模化应用研究

5.1.1　新疆电网存在的问题

1．天中直流故障对新疆电网切机及哈密地区风电的影响

随着天中直流外送功率的不断增加及直流配套火电机组的陆续投运，天中直流故障后稳控需要切除疆内机组的容量不断增加，对新疆电网影响增大，特别是冬季期间，天中直流故障后稳控切除大量供热机组，对冬季供热造成较大影响。哈密地区大量风机集中投运，直流故障引起的暂态、稳态过电压易造成哈密地区风机脱网，同时造成联锁事故，进一步扩大事故波及范围。

2．电网调峰日趋困难

因自备电厂不参与调峰以及风电出力反调峰特性，风电及自备电源规模的增长对系统调峰的不利影响进一步加剧，电网调峰缺口进一步增大。新能源装机增大的同时，出力波动较大，达到10万～35万kW/min，而火电机组AGC调节能力最大仅为10万～15万kW/min，冬季供热期，调节能力进一步下降至3万～6万kW/min，现有火电机组调节性能已不能满足新能源出力波动要求。

3．新能源消纳能力不足

新疆电网风电规模增长速度已远超疆内负荷增长及配套网架建设速度，新能源就地消纳及电网承载新能源送出的能力明显不足。受网架及调峰的约束，新能源弃风、弃光比例逐年增大。风电受限主要集中在哈密北部淖毛湖及三塘湖地区、乌鲁木齐达坂城地区和阿勒泰布尔津地区，光伏由于受南部电网反送电的极限约束，受限主要集中在南疆四地州片区。

5.1.2 储能技术在新疆电网中规模化应用仿真分析

为解决新疆因系统调峰引起的弃风、弃光问题，提高新能源消纳能力，在电网中配置一定功率和容量的储能系统，同时为天中直流闭锁提供功率支撑。

在新疆境内布置储能系统，初步选点为哈密烟墩、哈密三塘湖、哈密淖毛湖、哈密十三间房、哈密石城子、乌鲁木齐达坂城、吐鲁番小草湖、阿勒泰龙湾、塔城和博州 10 处，利用储能系统的作用降低这些区域的弃风比。

根据新疆电网调峰能力分析，2018 年在自备电厂按照 10%调峰深度参与调峰的情况下，电网夏季大方式调峰容量盈余 5700 MW，冬季小方式调峰容量盈余 1720 MW，可用于新能源机组调峰。因此初步按最小储能功率 1720 MW、2 h 充放电考虑，则容量为 1720 MW×2 h=3440 kW • h，可以提高系统的调峰能力。

为天中直流双极闭锁提供功率支持，经仿真需 4000 MW 的功率支撑，支撑时间至少 6 min，则需容量为 4000 MW×0.1 h=400 MW • h。

综合考虑，结合新能源消纳及天中直流闭锁功率支撑，新疆储能系统配置尽量要满足系统安全稳定运行及新能源消纳的需求。

下面分析其对系统调整峰谷差方面的作用，图 5-1 为 2015 年某日负荷曲线。

由图中可以看出，凌晨 3：00～7：00 为用电低谷期，上午 12：00 前后为用电小高峰，晚 20：00 前后为用电高峰期，最大负荷 25550 MW，最小负荷 23710 MW，峰谷差为 7.2%。

按不同时段投入一定容量的储能系统，夜间利用新能源对储能系统进行充电，增加新能源消纳能力，白天在两个负荷高峰时段对储能系统进行放电，可以很好地平衡系统的峰谷差，在一天内完成一个充放电循环，负荷峰谷差为 4.46%，降低了 2.74%，具体如图 5-2 所示。

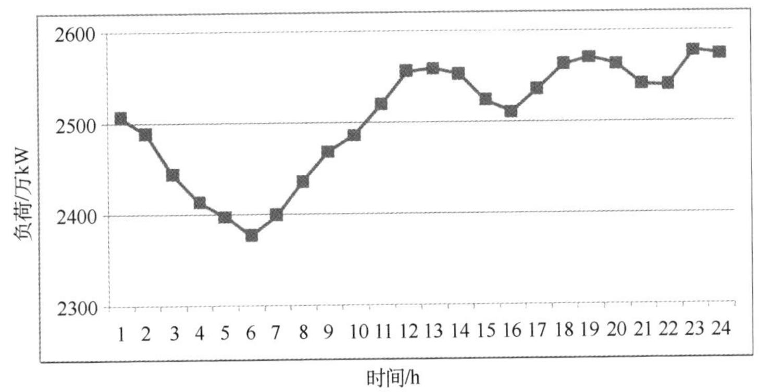

图 5-1　新疆典型日负荷曲线

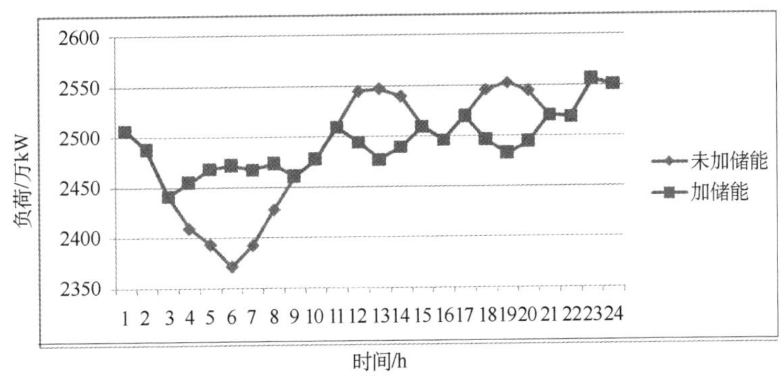

图 5-2　储能系统对调峰方面的作用

按每天一次充放电循环考虑，344 万 kW • h×365≈12.56 亿 kW • h，则全年可提高新能源消纳 12.56 亿 kW • h。

天中直流额定功率运行，单极闭锁后，无稳控措施、新疆电网切机 300 万 kW 和储能装置吸收 300 万 kW，三种工况仿真结果如图 5-3 所示。

双极闭锁后，无稳控措施、新疆电网切机 300 万 kW 和储能装置吸收 300 万 kW，三种工况仿真结果如图 5-4 所示。

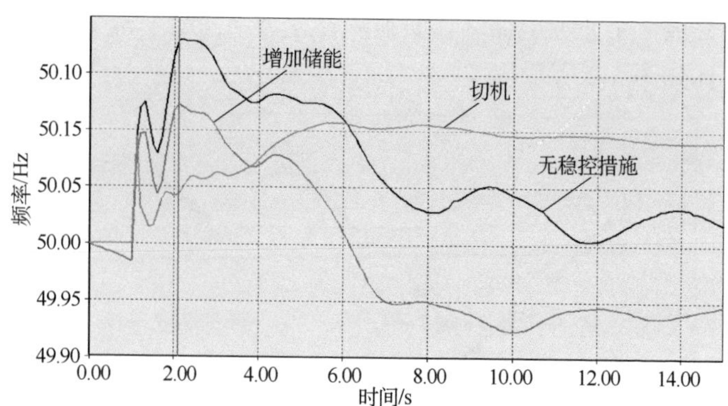

图 5-3　天中直流单极闭锁无稳控、加储能和切机计算结果

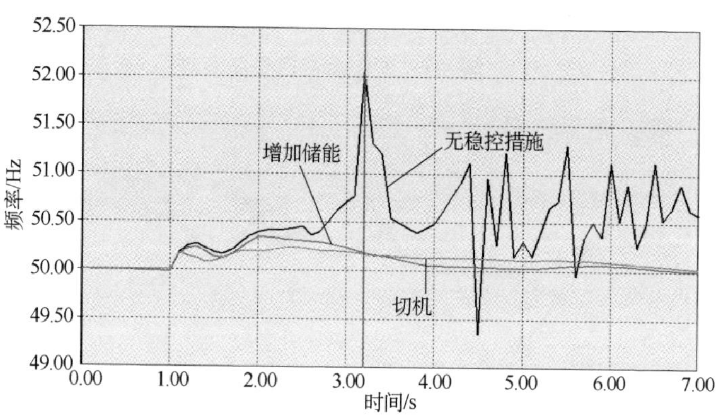

图 5-4　天中直流双极闭锁无稳控、加储能和切机计算结果

根据上述计算结果，比较无稳控措施，新疆电网切机 300 万 kW 及储能装置吸收 300 万 kW 的三种工况仿真结果，发现在天中直流双极闭锁、无稳控措施时，系统的频率已超过《电网运行准则》所允许的范围，将储能装置与切机的手段相比较，可知储能装置吸收功率的动态特性略好。储能装置加入电力系统中，对系统的安全稳定运行有较好的辅助作用。

双极闭锁后，无稳控措施、新疆电网切机 300 万 kW 和储能装置吸收 300 万 kW，三种工况下哈密地区 220 kV 银河路变压器的母线电压波动仿真结果如图 5-5 所示。

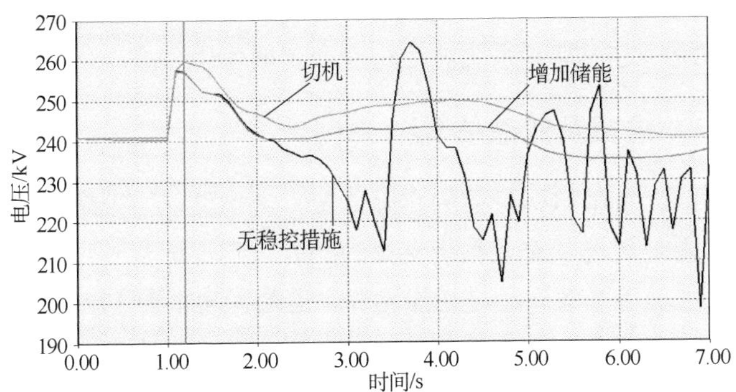

图 5-5　天中直流双极闭锁无稳控、加储能和切机电压变化情况

根据上述分析结果，比较无稳控措施、新疆电网切机 300 万 kW 和储能装置吸收 300 万 kW 的三种工况仿真结果，发现在天中直流双极闭锁、无稳控措施时，系统电压已经失稳；加上 300 万 kW 储能装置后系统电压可以保持稳定。

综上所述，为解决新疆因系统调峰引起的弃风、弃光问题，提高新能源消纳能力，在电网中配置一定功率和容量的储能系统，同时为天中直流闭锁提供功率支撑。在新疆境内布置 10 处储能系统，初步选点为哈密烟墩、哈密三塘湖、哈密淖毛湖、哈密十三间房、哈密石城子、乌鲁木齐达坂城、吐鲁番小草湖、阿勒泰龙湾、塔城和博州。

利用系统调峰容量进行平衡计算，2018 年需储能系统功率 1720 MW，支撑时间 2 h，储能容量为 1720 MW×2 h=3440 MW • h。

为天中直流双极闭锁提供功率支持，经仿真需 4 000 MW 的功率支撑，如支撑时间至少 6 min，则需容量为 4000 MW×0.1 h=400 MW • h。

综合考虑，结合新能源消纳及天中直流闭锁功率支撑，新疆储能系统配置尽量要满足系统安全稳定运行及新能源消纳的需求。

在系统装入一定功率和容量的储能系统后，可以提高系统的调峰能力，减少系统因调峰弃风、弃光的比例。同时，储能系统接入电网，可以降低系统负荷峰谷差，在天中直流故障时，对维持系统稳定、抑制系统波动均有一定的作用。

5.1.3　投资及效益估算

结合新疆电网目前的实际情况，考虑储能主要解决新疆电网调峰困难问题及兼顾系统支撑的功能，建议配置一定功率和容量的电池储能系统，经过初步测算，需配置功率为 1720 MW、容量为 3440 MW • h 的电池储能系统。以目前市场上技术比较成熟的磷酸铁锂电池储能系统为例进行投资及效益估算。

本方案以 1720 MW 储能子系统建设为例，每个子系统由 64 个功率为 2.5 MW 的 10 kV 配电单元组成，每个配电单元包含 4 台集装箱储能和 1 套 0.4 kV/10 kV 升压系统。具体的投资成本如表 5-1 所示。

表 5-1　1720 MW/3440 MW • h 主要设备及工程价格

序号	主要设备	单价	设备购置费/万元	安装工程费/万元	合计/万元
1	并网设备 （0.4 kV/10 kV 升压变压器 160 套）	10 万元/套	3440	3440	6880
2	集装箱设备及安装（标准集装箱 480 个）	0.2 万元/kW • h	688000	1376000	2064000
3	储能监控及调度系统	—	1000	200	1200
4	基建部分（约 100000 m^2）	0.05 万元/m^2	4000	1000	5000
合计					2077080

由表 5-1 可以看出，建设 1720 MW/3440 MW • h 的储能系统，静态工程总投资约 208 亿元。

针对此储能系统进行效益估算，结果如表 5-2 所示。

表 5-2 储能系统效益估算

储能系统	电池系统规模	储能系统总价/万元
	1720 MW/3440 MW • h	2077080

运行策略	等效日充放电次数	充放电深度	损耗	每天充放电量/kW • h	年充放电量/kW • h
	1	0.8	0.1	2476800	904032000

收益方式	弃风、弃光电价/元	销售电价/元	电价差/元	收益/（万元/年）	投资回收期/年
储能电量按峰谷电价销售	0.05	1	0.95	85883.04	24.2

通过以上分析计算得出：建设一套 1720 MW/3440 MW • h 的储能系统，每日充放电 1 次，投资回收期约为 24.2 年。

5.1.4 小结

为解决新疆因系统调峰引起的弃风、弃光问题，提高新能源消纳能力，应在电网中配置一定功率和容量的储能系统，同时为天中直流闭锁提供功率支撑。

利用系统调峰容量进行平衡计算，2018 年需储能系统功率 1720 MW，时间 2 h，储能容量为 1720 MW×2 h=3440 MW • h。除此以外，储能系统也可兼顾解决天中直流闭锁带来的系统安全稳定问题。

5.2 储能在甘肃电网中规模化应用研究

5.2.1 甘肃电网存在的问题

1．新能源增速快，消纳与外送通道压力大，系统安全稳定性受威胁

甘肃电源装机水平与负荷比例极不匹配，新能源增速过快，已开发建设规模远超消纳市场，尤其是光伏未按照国家“当地消纳”要求建设，需利用外送通道扩大消纳范围，导致矛盾全部被挤压在电网环节。甘肃电源发电能力远超负荷消纳能力，是新能源受限的根源。在甘肃发展规模大储能的作用：可以起到削峰填谷，对新能源出力进行时空平移，增加新能源消纳；也可以减轻输电通道高峰时的压力，延缓输电通道建设；还可以减少大规模新能源集中并网对电网的冲击，增强电网安全性，增加输电通道的输电能力。

2．电源结构不合理，省内电力电量平衡困难

随着全省用电负荷下滑及新能源大量并网，甘肃电网负荷装机比达到历史最大，电力电量的大量富余造成省内平衡困难。甘肃调峰电源装机容量为 1060 万 kW，占总装机容量的 25%。其中，火电机组容量为 800 万 kW、水电机组容量为 260 万 kW。受到水电、火电机组运行方式以及检修等因素影响，全省最大调峰能力 500 万 kW，其中可用于新能源发电的调峰最大能力为 350 万 kW。在水电、火电按照最小开机、最小技术出力运行方式下，低谷时段新能源消纳能力只有 50 万 kW，高峰时段新能源消纳能力约 200 万 kW，甘肃电网调峰能力达到 1400 万 kW 以上才能确保全额消纳新能源。目前甘肃电网新能源消纳受到调峰能力的严重制约。

5.2.2 储能技术在甘肃电网中规模化应用仿真分析

甘肃电网储能配置可分为近期规划与远期规划。近期规划主要在甘肃酒泉风电场局部电网进行储能示范，以期解决风电场出力波动大、爬坡速度不满足电网安全运行要求、风电功率预测误差大以及风电场因为参与频率调节而引起的弃风损失等问题。远期规划为解决甘肃电网因系统调峰引起的弃风、弃光现象，提高新能源消纳能力，在电网中配置一定功率和容量的储能系统，同时为即将投产的酒湖直流闭锁提供功率支撑。

近期规划可在酒泉风电基地玉门和瓜州地区选择 10 座风电

场进行储能示范，远期规划可选择在甘肃河西电网 750 kV 沙洲、敦煌、酒泉和河西等新能源接入比例较大的变电站进行储能配置。

想要储能完全解决新能源消纳问题，在目前条件下既不经济也不现实。由于风电出力具有明显的反调峰特性，故这里重点考虑对风电出力进行削峰填谷，以增加风电消纳，降低弃风率。

根据甘肃典型日负荷曲线分析可知，全年日最大峰谷差为 2644 MW，平均峰谷差为 1808 MW，平均负荷低谷时间为 4 h。所以在负荷低谷期进行储能，提高风电消纳，储能系统配置功率可为 1800 MW，充电时间为 4 h，则储能系统容量为 1800 MW×4 h=7200 MW • h。配置地点可选择新能源接入较多的沙洲、敦煌、酒泉和河西等 750 kV 变电站，配置储能后年减少弃风电量约为 26 亿 kW • h。

仿真计算的基础方式选择 2016 年冬季大方式：西电东送 3 000 MW，南电北送 7000 MW，青海电网受电 3800 MW，新疆送西北主网 3000 MW，天中直流外送 8000 MW，青藏直流外送 300 MW，银东直流外送 4000 MW，德宝外送 3000 MW，灵宝外送 1100 MW，灵绍外送 8000 MW。

2011 年甘肃酒泉风电基地因桥西第一风电场 35 kV 电缆馈线电缆头三相短路故障，导致 598 台风电机组脱网，损失出力 84 万 kW。考虑到酒湖直流投产后，由于单极闭锁造成酒泉风电基地电压升高，风机普遍存在高压耐受能力差等原因而大规模脱网，结合酒泉风电基地装机水平，仿真中考虑风机脱网约 150 万 kW，仿真结果如图 5-6～图 5-8 所示。

由图 5-6 可以看出：无储能时，电压超过 800 kV 稳定运行上限；在敦煌、酒泉和河西三个 750 kV 变电站等额分散配置 30 万 kW、90 万 kW、150 万 kW、200 万 kW 和 300 万 kW 储能时，只有配置 300 万 kW 储能时，电压才能稳定在正常运行范围内。所以在此情况下，最低要求储能配置功率为 300 万 kW，由于只对电压进行暂态支撑，故时间要求 1 min 即可。

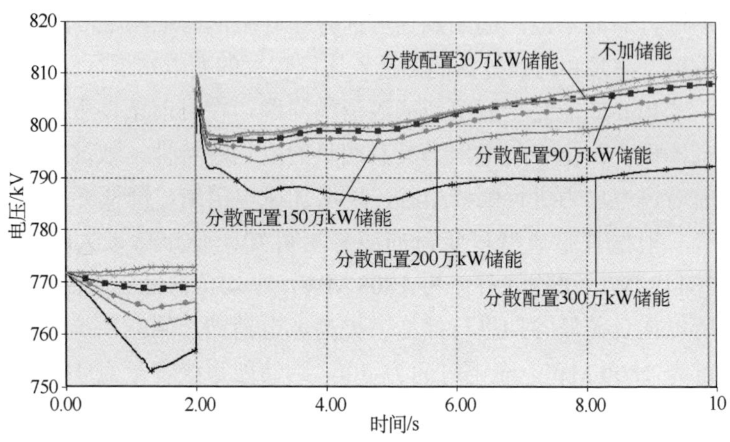

图 5-6 分散布置不同容量储能对电压支撑效果图

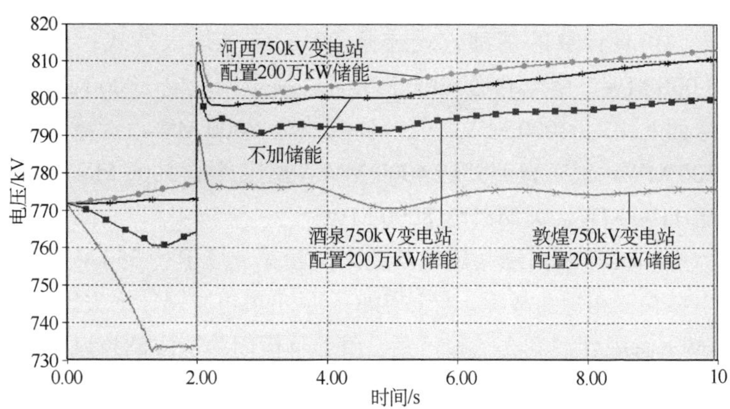

图 5-7 不同地点集中布置 200 万 kW 储能对电压支撑效果图

由图 5-7 可以看出：无储能时，电压超过 800 kV 稳定运行上限；在敦煌、酒泉和河西三个 750 kV 变电站分别配置 200 万 kW 储能时，敦煌、酒泉安装点电压能稳定在正常运行范围内，敦煌安装点效果更好。所以在此情况下，要求最低储能配置功率为 200 万 kW，由于只对电压进行暂态支撑，故时间要求 1 min 即可。最佳安装方式为集中安装，最佳安装地点为敦煌 750 kV 变电站。

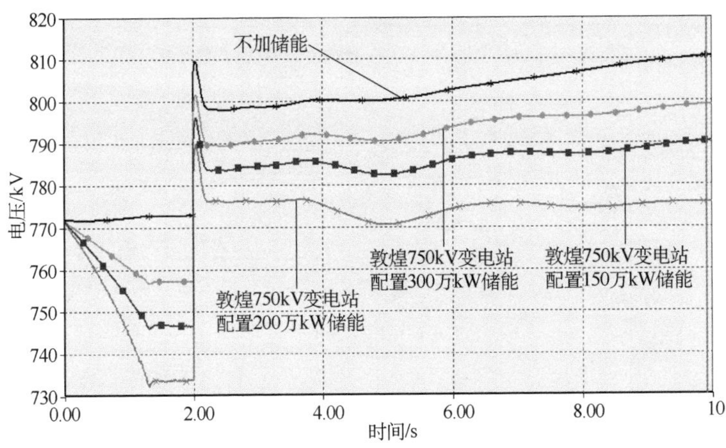

图 5-8　敦煌 750 kV 变电站集中布置不同容量储能对电压支撑效果图

由图 5-8 可以看出：无储能时，电压超过 800 kV 稳定运行上限，在敦煌 750 kV 变电站分别配置 100 万 kW、150 万 kW 和 200 万 kW 储能时，电压均在正常运行范围内，但是配置 200 万 kW 时效果更好。所以在此情况下，储能配置功率为 200 万 kW，时间要求 1 min 即可。

由上面的仿真分析可知，此种情况下储能最佳配置功率为 200 万 kW，时间为 1 min，储能容量为 200 万 kW×1 min=3.33 万 kW • h。最佳安装方式为集中安装，最佳安装地点为敦煌 750 kV 变电站。

储能提高河西主网频率支撑仿真结果如图 5-9～图 5-11 所示。

由图 5-9 可以看出：无储能时，频率失稳；在敦煌、酒泉和河西三个 750 kV 变电站等额分散配置 30 万 kW、90 万 kW、150 万 kW 和 200 万 kW 储能时，150 万 kW 与 200 万 kW 均能满足频率稳定要求，但是基于经济性考虑，选择了 150 万 kW 储能。所以在此情况下，要求最低储能配置功率为 150 万 kW，由于只对频率进行暂态支撑，故时间要求 1 min 即可。

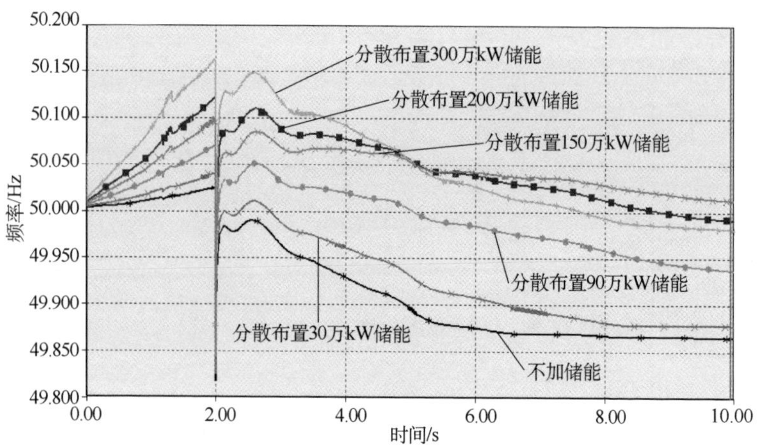

图 5-9　分散布置不同容量储能对频率支撑效果图

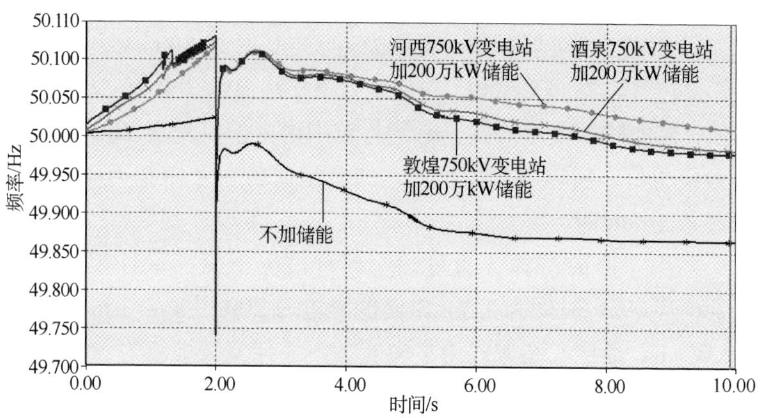

图 5-10　不同地点集中布置 200 万 kW 储能对频率支撑效果图

由图 5-10 可以看出：无储能时，频率失稳；在敦煌、酒泉和河西三个 750 kV 变电站分别配置 200 万 kW 储能时，频率均在规定范围内，酒泉与敦煌安装点效果较好。

由图 5-11 可以看出：无储能时，频率失稳；在敦煌 750 kV 变电站分别配置 100 万 kW、150 万 kW 和 200 万 kW 储能时，频率均在规定范围内，配置 150 万 kW 储能时效果最好。所以在此情况下，储能配置功率为 150 万 kW，时间要求 1 min 即可。

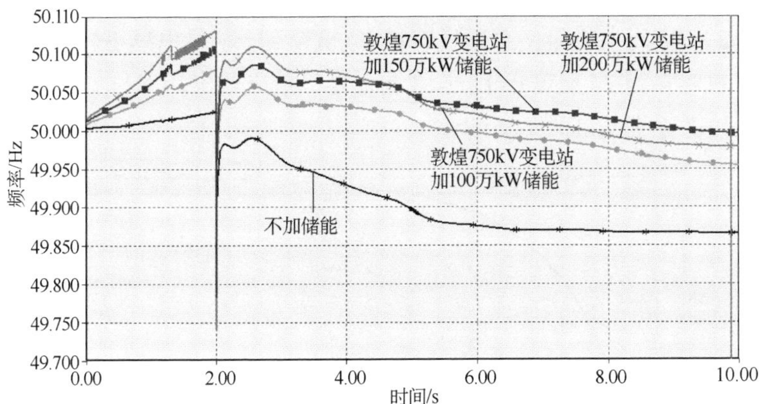

图 5-11　敦煌 750 kV 变电站集中布置不同容量储能对频率支撑效果图

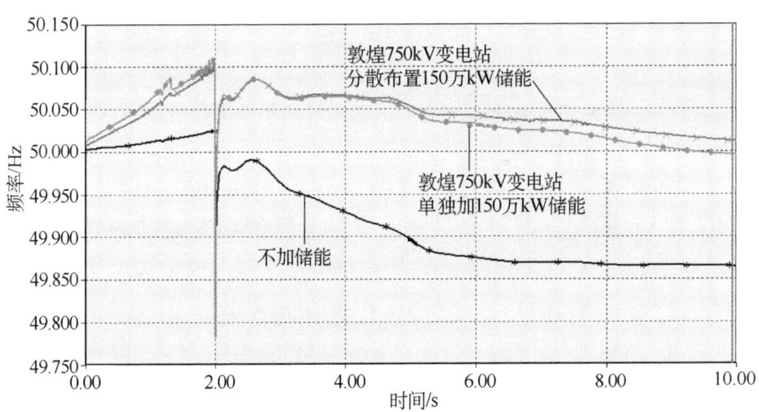

图 5-12　分散与集中配置储能对频率的支撑效果图

由图 5-12 可知：无储能时，频率失稳，集中式储能配置效果更好。

储能应用于酒泉风电场局部电网的仿真如下所述。

（1）应用场景一：平抑风电场分钟级波动

采用某风电场一条汇集线路连续四天的有功功率历史记录，数据采样周期为 1 s，数据总量为 345600 个。该线路下带有 11 台 2 MW 风电机组，总装机容量 22 MW（示范风电场 E4 馈线的装机容量为 24 MW），图 5-13 为储能系统充放电功率与累积概率密度关系曲线。

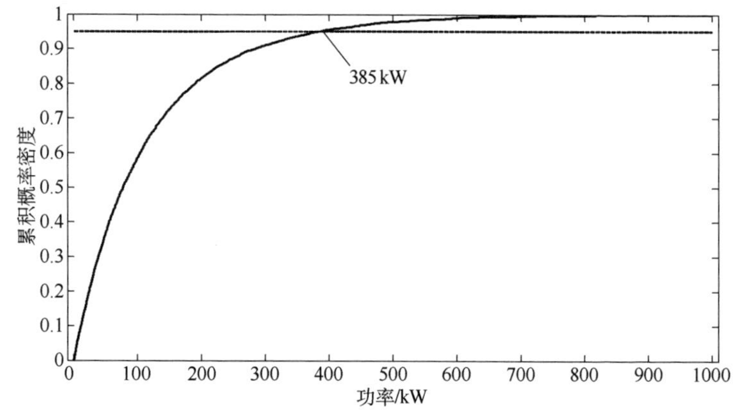

图 5-13　储能系统充放电功率与累积概率密度关系曲线

考虑储能[0.1，0.9]的工作范围，在给定样本情况下，400 kW/40kW • h 的配置即可满足储能平抑分钟级功率波动的目标。所以一个 10 万 kW 的风电场所需的储能配置约为 1.8 MW/181.8 kW • h。

（2）应用场景二：减少风电场预测误差

以酒泉某装机容量 10 万 kW 风电场为例，针对已知的风电功率预测误差曲线，将不满足《风电场功率预测预报管理暂行办法》要求的风电功率预测误差平抑至 25%倍开机容量（25 MW）以内作为目标，通过对功率预测误差、全天预测结果的均方根误差、统计时间内的准确率与合格率四个考核指标的截止正态分布进行分析，得到配置不同功率等级储能系统与各参量的对应关系，如图 5-14、图 5-15 所示。

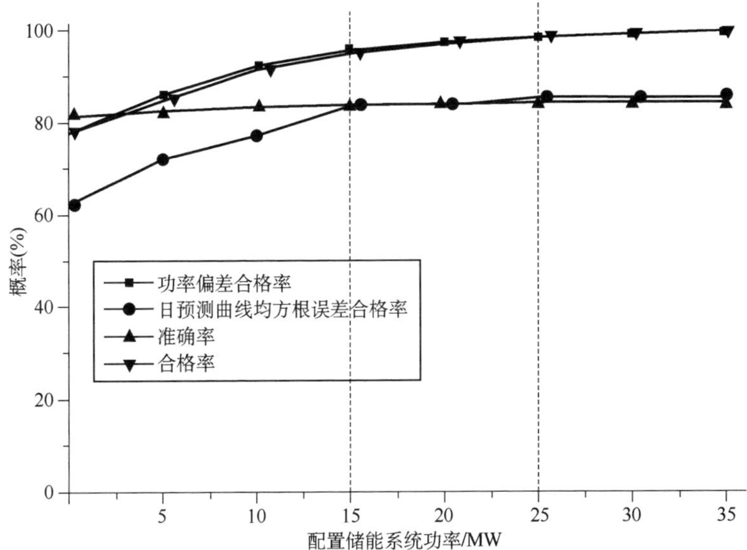

图 5-14　储能系统功率与各参量的特性关系图

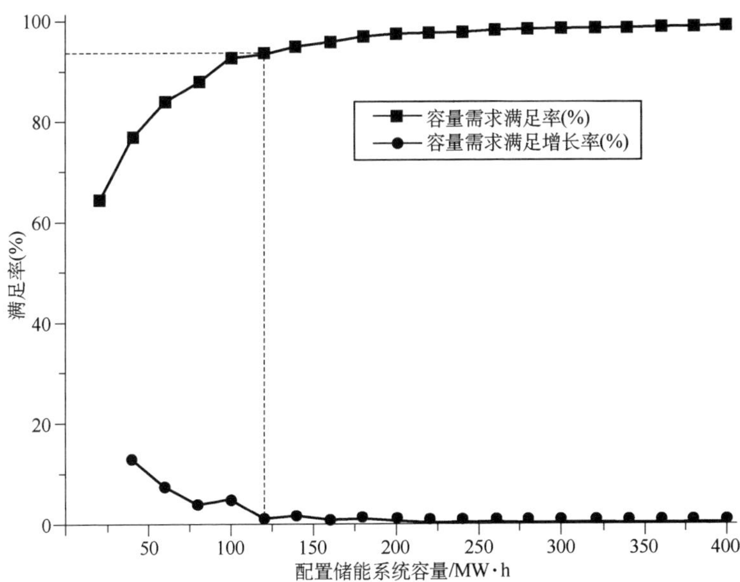

图 5-15　系统容量与容量需求满足率、容量需求满足增长率的特性关系图

经综合分析后得出，以平抑风电功率预测误差至 25 MW 以内为目标，配置 20 MW 的储能功率时，考虑平抑风电功率预测误差性能/成本比较优的储能系统容量配置值为 120 MW • h，其容量需求满足率为 93.5%。

（3）应用场景三：减少风电场弃风电量

以酒泉风电基地某风电场 E2 路 2016 年 5 月 10 日的数据记录为基础，对减少弃风损失的储能充放电控制方法进行仿真。当日平均风速为 4.93 m/s，该馈线的最大出力为 16.4 MW。假设：该馈线的功率限制为 8 MW；该馈线安装有 3 MW/6 MW • h 的储能系统，储能系统的初始荷电状态（SOC）为 0.5，结束时 SOC 也为 0.5；风电的并网电价固定为 0.54 元/kW • h；储能系统的寿命折损为 0.1 元/kW • h；储能系统充放电循环效率为 0.95；允许 SOC 范围为 0.1～1.0。考虑储能寿命折损的风电场总体损失为 2372 元；若不考虑储能寿命折损和充放电效率损失，弃风电量为 1811 kW • h，售电费用损失仅为 978 元。

综上所述，储能寿命和效率折损是风电场损失的重要部分，此处分析风电场整体损失对储能寿命折损单位电量价格 C 和储能充放电循环效率 eff 的敏感性，结果如图 5-16 所示。

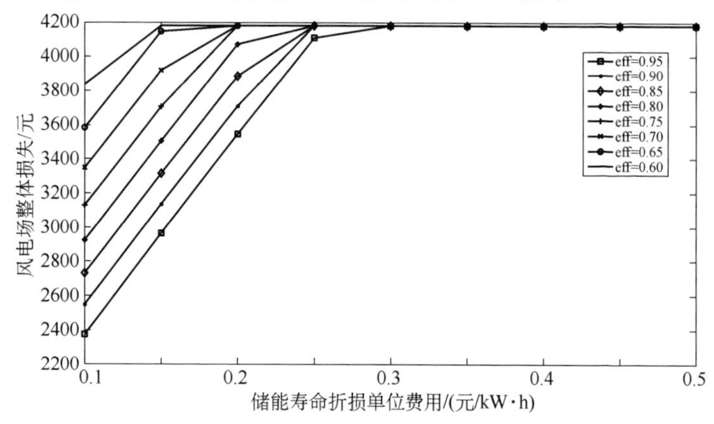

图 5-16 风电场整体损失的敏感性分析

在当前风电上网电价下（0.54 元/kW • h），储能效率低于 0.60 或寿命折损高于 0.2 元/kW • h 时，储能系统几乎不能减少风电场的弃风损失。由此可见，储能在提高风电场电网友好性的同时，并不能提高风电场的效益，必然导致风电业主投资积极性不高。

5.2.3 投资及效益估算

储能系统主要的设备及工程价格如表 5-3 所示。

表 5-3 2000 MW/7200 MW • h 主要设备及工程价格

<table>
<tr><th>序号</th><th>主要设备</th><th>单价</th><th>设备购置费/万元</th><th>安装工程费/万元</th><th>合计/万元</th></tr>
<tr><td rowspan="2">1</td><td>并网设备</td><td rowspan="2">10 万元/套</td><td rowspan="2">4000</td><td rowspan="2">4000</td><td rowspan="2">8000</td></tr>
<tr><td>（0.4 kV/10 kV 升压变压器 160 套）</td></tr>
<tr><td>2</td><td>集装箱设备及安装（标准集装箱 480 个）</td><td>0.2 万元/kW • h</td><td>1440000</td><td>2880000</td><td>4320000</td></tr>
<tr><td>3</td><td>储能监控及调度系统</td><td>—</td><td>1000</td><td>200</td><td>1200</td></tr>
<tr><td>4</td><td>基建部分（约 100000 m²）</td><td>0.05 万元/m²</td><td>4000</td><td>1000</td><td>5000</td></tr>
<tr><td>合计</td><td></td><td></td><td></td><td></td><td>4334200</td></tr>
</table>

从表 5-3 可以看出，建设 2000 MW/7200 MW • h 的储能系统，静态工程总投资约 433 亿元。

针对此储能系统进行效益估算，结果如表 5-4 所示。

表 5-4 储能系统效益估算

储能系统	电池系统规模	储能系统总价/亿元
	1720 MW/3440 MW • h	433

运行策略	等效日充放电次数	充放电深度 80%	损耗 10%	每天充放电量/kW • h	年充放电量/kW • h
	1	0.8	10%	5184000	1892160000

（续）

收益方式	弃风弃光电价/元	销售电价/元	电价差/元	收益/（万元/年）	投资回收期/年
储能电量按峰谷电价销售	0.05	1	0.95	179755.2	24.1

通过以上分析计算得出：建设一套 1720 MW/3440 MW·h 的储能新系统，每日充放电 1 次，投资回收期约为 24.1 年。

5.2.4 小结

甘肃电网新能源增速过快，消纳与外送通道压力大，系统安全稳定性受威胁，并且电源结构不合理，省内电力电量平衡困难。在甘肃大规模发展储能：①可以起到削峰填谷的作用，对新能源出力进行时空平移，增加新能源消纳；②可以减轻输电通道高峰时的压力，延缓输电通道建设；③还可以减少大规模新能源集中并网对电网的冲击，增强电网安全性，提高输电通道的输电能力。

甘肃储能建设可以分为近期规划与远期规划。近期规划主要在甘肃酒泉风电场局部电网进行储能示范，以期解决风电场出力波动大、爬坡速度不满足电网安全运行要求、风电功率预测误差大以及风电场因为参与频率调节而引起的弃风损失等问题。远期规划为解决甘肃电网因系统调峰引起的弃风、弃光问题，提高新能源消纳能力，在电网中配置一定功率和容量的储能系统，同时为即将投产的甘肃酒湖直流闭锁提供功率支撑。

容量配置方案推荐如下。

近期示范：可在玉门、瓜州等风电集中的地方选择 10 个左右的风电场进行储能配置，选择 10 万 kW 风电场需配置储能 20 MW/120 MW·h。

远期示范：综合多目标考虑，根据仿真结果可选择在敦煌 750 kV、酒泉 750 kV 变电站采用集中式配置储能 2000 MW/7200 MW·h。配置储能后预计年减少弃风电量约为 26 亿 kW·h。

根据投资及效益估算，现阶段由于储能价格和寿命等因素导致投资回收期较长，不具备投资经济性。

5.3　储能在青海电网中规模化应用研究

5.3.1　青海电网存在的问题

青海电网地处西北电网中部，向东与西北主网通过四回 750 kV 线路联网，与新疆电网通过两回 750 kV 线路联网，与西藏电网通过±400 kV 青藏直流联网。

青海电网已成为全国光伏集中并网发电增长速度最快的省级电网之一。目前，青海省内光伏布局重点在海西和海南地区，已并网光伏规模占全省 95%以上。2016 年年初开始，由于用电市场萎缩已无法支撑各类电源的快速增长，市场消纳总量不足，目前全网新能源消纳能力已经达到极限。在全网发电装机容量持续快速增长并远超负荷增速的形势下，电网调峰越来越困难，新能源消纳矛盾更加突出。

为了应对光伏发电快速发展给电网运行带来的挑战，目前可以通过建设配套设施、加强网架结构、建设调峰电站和以水电打捆等方式增强电网对光伏发电的接纳能力。以上手段在一定程度上受到了各种制约，电网需要灵活高效的手段实现光伏发电的送出与消纳，而大规模的储能系统为电网提供了灵活可靠的调度资源，可改善光伏发电的间歇性和不确定性，提高电网调峰调频能力，实现电网的安全、稳定和经济运行。青海省电力公司依托国家科技支撑项目，在格尔木 50 MWp 光伏电站安装了总量 15 MW/18 MW•h 的储能系统，实现了以储能技术平滑和调控波动电源，成功示范了新能源发电高比例接入电力系统，标志着“光伏+储能”新时代的到来。

自 2016 年 1 月，青海电网用电需求增长迟缓，目前青海电网平均负荷降至680万kW，达到2012年年末水平。由于用电市场萎缩，新能源消纳市场总量不足，而新能源并网规模逐年增大，多年来严重缺电的青海电网每天中午光伏大发时段出现了电力电量富余，电网调峰矛盾和消纳市场不足的问题日益凸显，已取代断面安全约束，成为光伏受阻的首要因素。

目前海西电网与青海主电网通过两回 750 kV、两回 330 kV 线路相连。海西断面最大输出功率为 130 万 kW。午间时段，海西光伏最大发电能力为 270 万 kW，小水电+风电+青藏直流反送共计20万kW，而海西地区午间平均用电负荷只有60万kW，按输送通道最大输送能力考虑，再加海西断面送出 130 万 kW，海西地区光伏仍然受限100万kW。

5.3.2 储能技术在青海电网中规模化应用仿真分析

1. 储能容量配置及选址

(1) 储能容量配置

从图5-17中可以看出：在夏季，青海光伏资源由于日照时间长，光资源丰富，发电量较好，6月进入雨季后会受到一定影响。到了年末，尤其10月以后，又有大批光伏电站集中并网，全网光伏发电量明显增加。由图5-18可以看出光伏限电主要发生在午间时段。

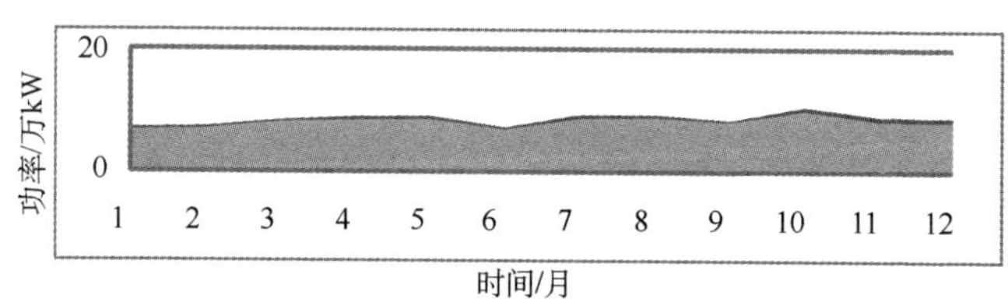

图5-17 2016年光伏限电

根据2016年青海新能源消纳情况，海西地区光伏是青海光伏受限最多的地方，光伏弃光电量约5.19亿kW·h，弃光发生在午间11:00～15:00期间。通过海西地区全年限电数据计算得到的光伏弃光容量频率分布如图 5-19 所示。由图 5-19 可以得知，弃光范围在 0～300 MW 内的频率占总弃光空间约 70%。由此可见，300 MW 内是利用率最高的弃光时段，所以将储能容量分配为 300 MW 较为合适，持续时长为 4 h。

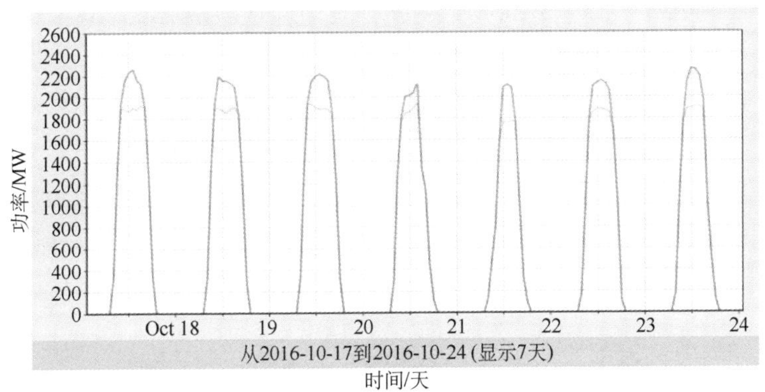

图 5-18 青海电网典型日光伏出力曲线

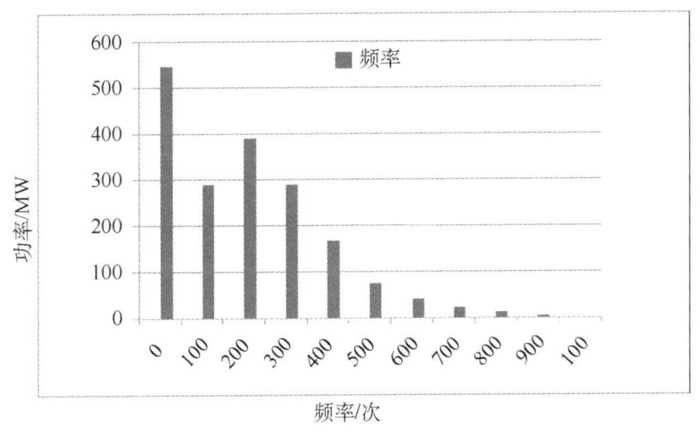

图 5-19 海西地区光伏弃光频率图

（2）储能安装地点

根据上述内容，在目前电网装机容量和负荷水平下，不考虑调峰因素时，青海海西地区已无空间进行更多的新能源消纳，而且随着海西新能源厂站不断并网，光伏限电率将持续增加，新能源电站的消纳面临巨大困难，因此储能安装汇集点选择在海西格尔木地区的聚明变电站。储能安装初步选定为格尔木、盐湖、乌兰和柴达木四个地区。

（3）储能技术应用后对海西地区光伏消纳情况影响

由于海西地区已经成为西北网的薄弱点，在敦煌—酒泉+沙州—鱼卡断面保持 2016 年 330 万 kW 极限方式下，在海西加装 300 MW 储能、敦煌—酒泉 N-2 同杆异名相故障时，海西送出断面（柴达木主变压器上送+龙乌线+圣巴线断面）可提升至 157 万 kW，即提升海西地区光伏送出通道能力 27 万 kW，在极限 157 万 kW 时用新能源仿真平台可以算出海西地区弃光的量可以降低 1.7%。同时午间调峰能力加强，调峰可提升 300 MW。

2．储能技术应用后系统的一次调频

大电网频率特性与电网互联模式、运行方式和扰动形态等因素密切相关。当系统出现功率盈余时，将导致系统频率上升。当青海电网系统发生直流闭锁故障时，系统频率最高升至 50.07 Hz；而在海西加入 300 MW 储能后，可使系统的频率迅速恢复至正常水平，如图 5-20 所示。

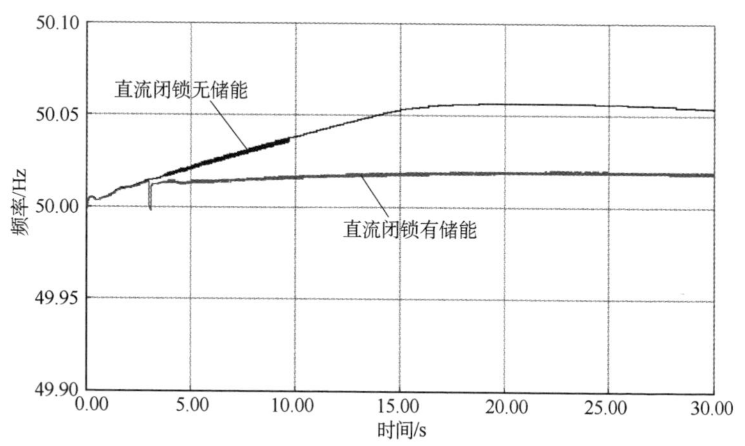

图 5-20　功率盈余时有无储能的频率对比

当系统在损失 2607 MW 功率的情况下，此时系统频率会降低；当聚明变电站接入 300 MW 储能时，电网频率可迅速恢复至 50 Hz，比不加储能时电网频率降幅减小 0.1 Hz 左右，如图 5-21 所示。

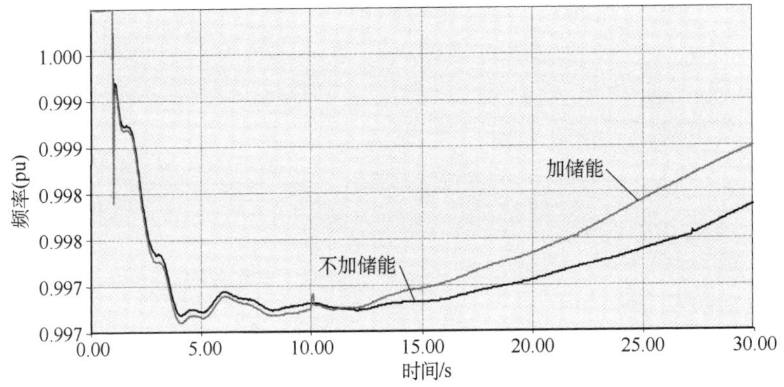

图 5-21 系统频率变化曲线

由此可见，储能技术在海西应用后，当发生光伏脱机情况时，频率的恢复速度较快，恢复效果相对较好。

3. 电压支撑

在海西断面（柴达木主变电站上送+龙乌线+圣巴线断面）送出 130 万 kW 方式下，发生敦煌—酒泉 N-2 同杆异名相故障时，无储能与有储能时相比，750 kV 母线电压可上升 15 kV 左右，330 kV 母线电压上升约 10 kV，说明储能在充电状态时对电压有一定的支撑作用。

从本质上讲，电压不稳定是由于电力系统提供的无功无法满足负荷需求，或通过远距离无功传输导致系统电压降低到不可接受的水平。当系统发生直流闭锁故障时，系统会出现功率盈余，将产生暂态电压波动，海西地区电压会升高，在海西地区加装 300 MW 的储能后，电压波动较小，从而保证了系统电压安全稳定运行。其变化曲线如图 5-22 所示。

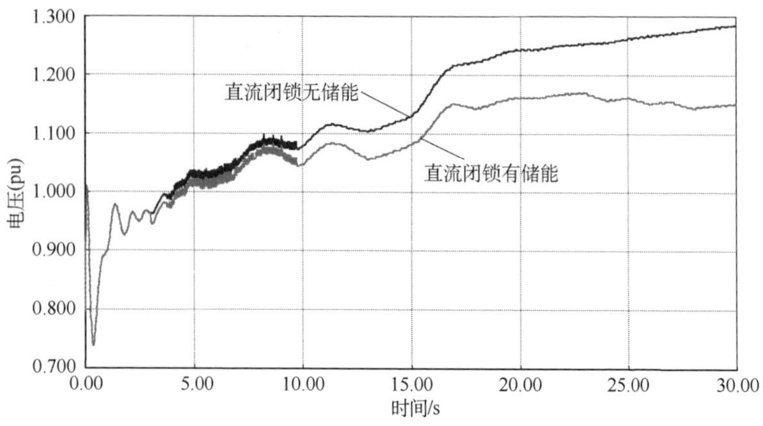

图 5-22　有无储能时电压变化曲线

5.3.3　投资及效益估算

1. 投资估算

（1）储能系统（300 MW/1200 MW • h）

本技术方案以 300 MW 储能系统建设为例，该系统由 120 个功率为 2.5 MW 的 10 kV 配电单元组成，每个配电单元含有 4 台 630 kW/1400kW • h（40 ft）集装箱储能和 1 套 0.4 kV/10 kV 升压系统。储能系统主要设备及工程造价如表 5-5 所示。

表 5-5　300 MW/1200 MW • h 储能系统主要设备及工程价格

序号	主要设备	单价	设备购置费/万元	安装工程费/万元	合计/万元
1	并网设备（0.4/10 kV 升压变压器 120 套）	10 万元/套	600	600	1200
2	集装箱设备及安装（标准集装箱 480 个）	1500 万元/kW • h	240000	480000	720000
3	储能监控及调度系统	—	1000	200	1200
4	基建部分（约 1200 m^2）	0.05 万元/m^2	40	20	60
合计					722460

从表 5-5 可以看出，建设 300 MW/1200 MW • h 的储能系统，静态工程总投资约 72.4 亿元。项目启动初期，考虑到储能系统投资成本高，拟采用租赁模式进行项目建设，即由储能系统厂商建设储能系统，电网公司或节能公司每年通过购买服务或者按照"利益共享、风险共担"的形式支付储能系统的使用费。

服务费初步测算：按每个标准集装箱每年租金 62.5 万元计算，每年需支付的服务费用约为 3 亿元。

2．效益分析

（1）事故备用，保障柴拉直流安全稳定运行

300 MW 储能系统建成后，将为柴拉直流的双极闭锁提供快速功率支援，防止重大电网事故的发生。

（2）提供辅助服务，潜在收益巨大

在广大配电网中建设储能装置，具有以下电网效益：①为电网提供电压支撑；②削峰填谷；③提高供电可靠性和供电质量，同时提高设备的利用效率；④减少电网建设投资；⑤应急电源功能。目前，在国内电网辅助服务考核、奖励体制不健全的情况下，无法量化储能的辅助服务收益，但随着政策的完善，提供辅助服务将是储能未来最大的收益点。

方案经济性分析如下。

运行策略：每日充放电是储能最基本的运行方式，但根据运行策略分析，储能在浅充浅放运行方式下，也可形成部分交易电量。青海弃光主要出现在 11：00～13：00 期间，因此，按照每日充放电一次计算储能系统经济效益。其中，销售电价按照峰谷电价 1.0 元销售。储能系统收益如表 5-6 所示。

5.3.4　小结

本节通过分析青海电网目前存在的问题，针对海西电网弃光现象，在海西选取格尔木、盐湖、乌兰和柴达木四个地区加装储能，储能按照弃光量配置 300 MW/4 h。通过仿真验证，加装储能

后在保证主网电压不失稳的情况下，可提高海西断面能力至 157 万 kW，海西弃光率降低 1.7%，同时午间调峰能力增强 300 MW。在电网故障时，加装储能比未加装储能的频率特性和电压特性均有改善。总投资为 722460 万元，投资回收期为 30.5 年。

表 5-6　300 MW/1200 MW • h 储能系统收益

运行策略	每日充放电次数	充放电深度 80%	损耗 10%	每天充放电量 /kW • h	年充放电量 /kW • h
	1	0.8	10%	864000	315360000
收益方式	销售电价 /元	弃风、弃光电价 /元	电价差 /元	收益 /（万元/年）	投资回收期 /年
储能电量按照峰谷电价销售	1.0	0.05	0.95	23652	30.5

5.4　储能技术在电网中的应用分析总结

随着三北地区风电、光伏快速增长，部分地区开发规模远超当地消纳能力，且受新能源集中分布、用电负荷下滑和大用户直购电等因素影响，弃风、弃光问题突出。由统计分析可知，西北地区的甘肃和新疆电网弃风、弃光现象严重，青海弃光现象严重。针对新能源的消纳与送出问题，需合理配置储能装置，以提高其消纳能力。

5.4.1　储能在新疆电网中规模化应用研究

在新疆电网中制约风电和光伏消纳能力的因素主要有：

1）受网架及调峰约束，就地消纳及电网承载新能源送出的能力明显不足。

2）哈密地区大量风机集中投运，直流故障易造成地区电网崩溃，引发联锁事故，并扩大波及范围。

3）新能源建设的快速增长和直流外送规模的进一步扩大，新能源装机容量远超负荷增长及配套网架建设的速度。

基于上述问题，储能系统的作用与配置为：

1）参与电网调峰而降低弃风率。新疆因系统调峰引起弃风、弃光现象，配置 1720 MW/2 h 储能系统，可以提高系统调峰功率 1720 MW，参与系统调峰，按 2015 年基础数据计算，降低峰谷差 2.74%，每天一次充放电循环，可以提高新能源消纳 12.56 亿 kW • h，降低弃风比 5.75%。

2）为天中直流双极闭锁提供功率支持，减小事故波及范围。经仿真需 4000 MW 的功率支撑，支撑时间至少 6 min，则需容量为 400 万 kW×0.1 h=40 万 kW • h。

3）储能可同时为新疆电网或新能源基地附近薄弱的交直流电网网架提供频率与电压支撑。

4）通过仿真分析，此储能容量配置基本能满足电网的调频、调压及低电压穿越等多目标应用。

5.4.2　储能在甘肃电网中规模化应用研究

在甘肃电网中制约风电和光伏消纳能力的因素主要有：

1）甘肃电网新能源增速过快，消纳与外送通道压力大，系统安全稳定性受到威胁。

2）电源结构不合理，省内电力电量平衡困难。

基于上述问题，储能的作用与配置为：

1）参与电网调峰而降低弃风率。选择在敦煌 750 kV、酒泉 750 kV 变电站采用集中式配置储能系统 2000 MW/7200 MW • h。配置储能系统后预计年减少弃风电量约为 26 亿 kW • h，弃风率可从现在的 47.85%减少到 38.02%，减少约 9.83%。

2）通过仿真分析，此储能容量配置基本能满足电网的调频、电压支撑及低电压穿越等多目标应用。

5.4.3　储能在青海电网中规模化应用研究

在青海电网中制约光伏消纳能力的因素主要有：

1）青海电网用电需求增长迟缓，而新能源装机容量逐年增加。

2）受电网调峰与海西地区断面约束。

基于上述问题，储能的作用与配置为：

1）参与电网调峰而降低弃风率。通过海西地区光伏弃光容量的频率分布，弃光范围在 0～300 MW 内的频率占总弃光空间的约 70%，由此在海西加装 300 MW/4 h 的储能系统，海西送出断面（柴达木主变压器上送+龙乌线+圣巴线断面）可从原来 1300 MW 提升至 1570 MW，在极限 157 万 kW 时弃光量可以降低 1.7%。同时午间调峰能力加强，调峰可提升 300 MW。

2）通过仿真分析，此储能容量配置基本能满足电网的调频、电压支撑及低电压穿越等多目标应用。

第 6 章　西北电网中建议部署的规模化储能示范工程

6.1　储能系统在西北地区应用场景分析

储能系统可应用于电力系统的发、输、供、配、用各个环节，基于西北地区弃风、弃光的主要因素，可在如下场景配置储能系统来提升新能源消纳能力。

1）储能系统平抑直流换相失败、受端故障后对送端产生瞬间功率冗余，增强系统稳定性。

2）通过配置储能系统提高送端电网调峰能力，来提升新能源消纳。

3）通过配置系统改善高压直流输送通道电压动态特性，减少新能源切机。

4）储能系统替代火电机组，提高风火打捆基地中新能源功率送出占比。

5）受端电网配置储能系统，提升特高压直流输送能力。

6.2　建议部署的示范工程

6.2.1　大规模储能集群提升西北可再生能源基地外送能力工程

目的：在不同时段投入储能系统，夜间利用新能源对储能系统进行充电，增加新能源消纳能力；白天在两个负荷高峰时段对储能系统进行放电，可以很好地平衡系统的峰谷差，在一天内完成一个充放电循环。

规模：在新疆哈密烟墩、三塘湖、淖毛湖、十三间房、石城子、乌鲁木齐达坂城、吐鲁番小草湖、阿勒泰龙湾、塔城和博州等地，布置10处储能系统，共计1720 MW/2 h。

预期目标：储能系统参与电网调峰，缓解可再生能源快速增长给新疆电网带来的调峰压力。

示范验证内容：

1）大规模分布式储能电站协调控制技术研究。

2）大规模分布式储能电站多目标运行控制策略研究。

3）评估百兆瓦级储能电站参与电网调峰辅助服务的实际运行效果，推动国内相关领域储能商业模式的建立与发展。

6.2.2 百兆瓦级储能电站协调西北特高压通道能源输送工程

目的：多条特高压直流工程投运后，若发生直流单极闭锁、特高压交直流混联线路事故，将会严重制约特高压输送通道的利用率，影响可再生能源基地新能源电力的送出与消纳。该示范工程可以验证在特高压直流闭锁故障后，大规模储能电站的快速功率支撑能力。

规模：青海配置400 MW/3 h的储能系统、河南配置100 MW/2 h的储能系统。

预期目标：突破用于事故支撑、辅助服务及提升新能源输出友好性的百兆瓦级储能系统的控制、协调与优化运行等关键技术。

示范验证内容：

1）百兆瓦级储能集群子系统并联一致性协调控制技术研究。

2）站内分区自治与集中控制混合的百兆瓦级电池储能电站协调控制与能量管理方法研究。

3）基于新能源消纳能力、特高压直流外送通道及其送端能源基地安全可靠运行水平多目标约束，验证百兆瓦级储能电站耦合特高压直流外送通道的优化运行技术。

6.2.3 广域布局分布式储能提升西北网源—网—荷协调响应能力工程

目的：在分布式能源接入比例不断增加的大环境下，为进一步实现分布式电源、储能系统、负荷和电网之间的友好互动和为协同运行提供工程实践依据，并引导国内分布式储能系统参与配电网规划运营相关政策和补偿机制的制定，从而更好地促进分布式储能的发展和商业化应用。

规模：在用户侧完成不少于 10 个储能布点的建设，累计储能系统装机容量不低于 80 MW。

预期目标：提出分布式储能资源及其多类互动资源参与需求响应的构架；提出多个典型场景下分布式储能、柔性负荷等响应资源的互补特性和聚合调控策略，掌握分布式储能对大电网调频、调峰和紧急故障响应的支撑调节技术；掌握分布式储能系统参与配电网优化运行协同控制策略。

示范验证内容：

1）多类型分布式能源汇聚运行特性的验证。

2）聚合高渗透率分布式电源的多类型储能系统多点规划布局技术。

3）协同分布式能源有序利用分布式储能聚合能量管理及控制技术。

4）广域布局分布式储能提升省网源—网—荷协调响应能力验证。

6.2.4 大规模储能统一协调控制提升西北电网辅助服务能力工程

目的：随着大规模集中式可再生能源在西北电网中装机比例不断增加，当可再生能源发电基地发生送出故障时，通过储能系统参与电网一、二次调频，保证系统频率稳定。借鉴国外储能系统参与电网调频辅助服务相关政策和补偿机制，推动中国大规模储能电站在辅助服务领域中的发展和商业化应用。

规模：在甘肃玉门、瓜州等风电集中的地方选择 10 个左右的风电场进行储能系统配置，选择容量为 10 万 kW 风电场配置储能系统 20 MW/120 MW • h。

预期目标：提出储能系统在平抑风电场出力波动、跟踪功率预测和参与系统调频多个典型场景下，储能系统的协调控制策略；掌握集中式储能电站对大电网调频和紧急频率支撑的调节技术；制定储能系统参与电网调频辅助服务的相关政策。

示范验证内容：

1）储能系统参与电网调频辅助服务功能验证。

2）多应用场景下储能系统协调能量管理策略验证。

6.2.5 储能电站融合新能源发电的虚拟同步发电机技术示范

目的：基于虚拟同步机技术，使新能源发电及储能系统自主地参与电网的运行管理，在电网电压/频率、有功/无功异常情况下作出响应，应对电网的运行暂态和动态稳定问题，从而抵御外部扰动对同步电网系统的干扰。

规模：在西北电网选取风电站及光伏电站进行虚拟同步机技术改造，改造规模共计 500 MW；建设百兆瓦级集中式储能虚拟同步机电站。

预期目标：新能源发电系统及电池储能系统自主参与电网调频调压，维持系统稳定。

示范验证内容：

1）风电、光伏系统虚拟同步机技术的验证。

2）储能虚拟同步机技术的验证。

3）基于虚拟同步机控制策略下的多机并联技术验证。

第7章　结论及建议

7.1　结论

本书首先总结了国内外储能系统的应用现状、装机容量、各类型储能系统的装机占比及近年来储能系统的增长趋势，对各类型储能系统的原理和研究现状进行分析，并对国内外储能市场和政策环境进行了研究；其次分析了制约电化学储能产业发展的技术、价格及政策补贴因素，对现有储能技术的成本进行对比分析，得出各类型储能系统到2020年的大概成本；然后对储能未来的发展趋势、应用情况进行展望，并研究了国内外现有的分布式光伏储能、电力服务、电动汽车和动力电池梯次利用的商业模式。基于上述研究内容，得出的主要结论如下：

1）在所有储能技术中，除抽水蓄能外，电化学储能是发展最快、相对成熟的储能技术，尤其是磷酸铁锂电池和铅炭电池，其技术经济性已经具备商业化拐点。

2）长寿命、低成本、高转换效率和高安全性是电池规模化应用的必要条件，目前磷酸铁锂电池、铅炭电池具备初步推广的能力，其他的储能技术不具备。

3）在电力储能应用领域，用户侧储能削峰填谷、分布式光伏+储能、电网侧储能调频调峰电站和发电侧规模化储能电站成为未来储能发展的主要应用模式。

4）目前，已经掌握了兆瓦级与10 MW级电池储能电站的集成、运行和控制技术，其各项技术指标均满足电力系统应用需求，而百兆瓦级电池储能电站相关技术有待进一步提升。

5）在商业应用领域，目前在江苏、广东等峰谷电价差较大的地区，在用户侧已出现规模化储能商业示范项目。但在发电侧，基于现有的电价机制和政策环境，无法量化储能系统参与电网辅助服务的收益，其经济效益还无法考证。

6）针对储能系统减少“三北”地区弃风、弃光的应用需求，综合考虑储能系统的投资成本、综合度电成本、年利用小时数及风电、光伏度电成本，储能系统目前尚不具备投资效益。

7.2 建议

1. 尽快完善电化学储能的相关技术标准

目前，电化学储能电站相关行业标准及规范体系尚不健全，难以适应电化学储能快速发展现状，主要体现在如下几个方面。

1）部分储能标准及规范缺失。例如针对电化学储能电站的规划设计、运行管理和安全消防等均没有相应标准作为参考，难以支撑未来大规模储能接入的局面。

2）部分已有标准缺乏完备性。例如已经颁布且正在修订的企业标准 Q/GDW 676—2011《储能系统接入配电网测试规范》，具体内容的侧重点在于储能本体设备的一些测试，而不是针对系统的并网特性测试，因此该标准只能根据现有技术的发展实时修订。

3）部分已有标准之间缺乏逻辑性。例如已经发布的企业标准 Q/GDW 697—2011《储能系统接入配电网监控系统功能规范》与 Q/GDW 1887—2013《电网配置储能系统监控及通信技术规范》两个标准界线不清，逻辑不合理，内容存在很多重叠之处，需要进行修订。

为此，应依托工程建设实践经验和相关领域科研成果，尽快制定和完善相关标准体系，填补储能在基础综合、规划设计、设备材料、工程建设、信息安全、运行维护、调度与交易等领域的空白；还需提升已发布的标准等级，开展企标升行标、国标的相关工作，增强标准的约束力；与此同时，还应根据既有标准体系，按照重要性，逐步制（修）定体系中的相关标准，满足储能并网的实际需要。

2．促进储能并网运行检测工作

电化学储能项目直接参与系统调度运行，其能否执行电网调度指令直接关系着电网安全、可靠及高效运行，因此必须加强电化学储能电站并网运行监测工作，由具有检测资质的权威检测机构在储能电站投运前对其性能、安全性和对电网的影响等方面作出全面的检测，以保障其并网的可靠性与安全性，并顺利实现其既定的设计功能。

（1）储能电站并网检测是生产商、集成商产品质量的有力证明

目前，由于国内储能行业处于发展初期，储能电站设备厂商众多，产品参差不齐，且已投运项目较少，各厂家设备的运行性能及可靠性无从比较。通过开展储能电站的并网检测，能够对不同厂家设备的综合性能作出一个初步分析，这对于未来更多储能项目建设过程中的设备选择采用与技术标准制定具有重要的参考价值和借鉴意义。

（2）储能系统检测是应用方安全、稳定和经济运行的有力保证

由于国内没有权威的产品检测认证机构对储能设备进行评价认证，各厂商设备集成后能否满足电网调度对出力、响应等方面的需求存在较大不确定性，使得项目建成后无从判断该储能项目能否按照设计功能实现调度需求，通过对储能电站性能、响应过程和并网影响等具有针对性的并网检测项目进行测试，能够确保储能电站投运后支撑电网安全、稳定和经济运行。

（3）储能系统检测标准化是储能行业健康发展的重要支撑

储能电站建设方兴未艾，其并网检测过程所测试的项目及所遵循的标准、规程，也必然对于后续设备生产商、集成商规范自身产品以及提升储能设备性能具有重要指导意义，从而促进整个储能产业的发展。

（4）储能系统检测是储能系统接入电力系统的必然要求

储能系统并网过程由于采用电力电子装置，其对电网难免产生一些谐波、闪变等不同形式的干扰，若不通过并网检测对其进行有效约束，未来规模庞大的电网侧及用户侧储能系统接入电网后，将严重威胁电网的安全可靠运行，因此储能系统的并网检测是储能系统接入电力系统的必然要求。

3．将储能融入现有的电网辅助服务体系

近年来，城市等负荷中心用电总量逐年上升，用户负荷峰谷差日益增大，阶段性功率尖峰明显提高，同时，分布式新能源的大规模接入又使得系统频率波动频发，系统亟需灵活的调峰调频资源。然而土地资源紧张，地下综合管廊利用饱和，难以新建电源点、变电站或进行通道扩建。电化学电池储能系统因具有快速的出力响应特性，故是优质的调峰调频资源，其占地少、寿命长的优势使得其在电网辅助服务领域具有巨大的潜力。

我国对于储能参与电网辅助服务也有着潜在需求。以西北地区为例，近年来新能源尤其是光伏发电的大规模并网，其分钟级的波动性和间歇性，使得电力系统运行对于快速调节服务的需求大幅增加。这是因为大规模新能源并网一方面会增加系统快速调节服务的需求；另一方面，光伏替代火电机组发电，减少了快速调节服务的供给资源。在调峰方面，由于线路阻塞、常规能源调峰能力不足等原因，部分电网的新能源限电损失较为严重。长远来看，加强电网结构建设、提升外送能力以及提高常规火电机组调峰能力可以有效减少新能源限电损失。但在上述补强措施尚不具备实施条件的地区开展储能系统建设，通过储能系统的作用可以将风电等新能源就地消纳，减少电力的外送容量，能够有效缓解弃风、弃光问题。

我国尚无电力辅助服务市场机制，储能若以统调电厂的身份将辅助服务作为基本服务被电网考评，难以真正发挥储能在辅助服务领域的价值，也不利于储能在电网当中真正发挥作用。为此，需尽快建立健全储能参与辅助服务的市场机制，给予储能准入地位，并根据系统需要，完善可发挥储能技术优势的市场机制，以签订协议的方式要求较大规模的储能接受配电网调度。

4．加强分布式储能电站协调控制方法研究

大量的分布式储能系统安装在电网中，且装机容量累计到一定规模后，电网通过对众多的分布式储能开展主动控制和有序管理，可以实现分布式储能在电网中的规模化聚合，这不但能够显著发挥储能在局部电网中的多功能应用，同时还为电网提供了容量可观的可调节资源。然而，目前关于分布式储能协调控制的研究尚显落后，亟需在以下方面加快研究，挖掘分布式储能应用潜力，促进分布式储能在电网中的发展。

1）提出适用于大型电网仿真的分布式储能系统建模及仿真技术，准确模拟分布式电池储能系统在电网中的聚合效应，满足不同应用场景的电网仿真要求。

2）构建计及多功能需求、多输入变量和复杂边界条件的分布式储能广域布局与容量优化模型，实现分布式储能的有序布局。

3）提出分布式储能系统规模化聚合支撑电网安全稳定的控制策略，实现分布式储能系统间的协调控制，以及分布式储能规模化聚合后与电网已有稳控系统的协同控制。

4）提出分布式储能系统支持电网安全、清洁能源高效利用和调峰、调频及调压等多种应用的多目标优化控制方法，构建分布式电池储能调度系统，实现多点布局分布式储能的就地与远程的分层耦合优化控制与调度管理。

5）提出分布式储能系统多目标应用的经济分析模型和方法，实现分布式储能系统在不同应用场景下的经济性与安全性的统一。

5．将储能电站建设纳入电网规划建设体系

大规模储能电站通过统一调度，可有效提高电网设备利用率，减少为满足短时最大负荷或网络阻塞而新增的电网建设投资。在负荷增长缓慢且季节性临时负荷较大的地区，可利用储能代替配电网进行升级改造。

6. 尽快提高储能电站安全运维水平

尽管储能已采用安全性较高的集装箱式设计，但仍无法完全杜绝电池单元在过充电或过放电、短路及机械破坏时可能导致的电池内部热失控，继而引发燃烧或者爆炸的现象。因此，储能装置在接入电网时，需要制定详细的安全运维规程及措施，研究制定有效的储能电池消防措施，不断提高储能电站安全运维水平，避免发生事故影响电网运行。

参 考 文 献

[1] 刘振亚. 智能电网承载第三次工业革命[J]. 国家电网，2014（1）：30-35.

[2] 李建林，来小康，田立亭. 能源互联网背景下的电力储能技术展望[J]. 电力系统自动化，2015，39（23）：15-25.

[3] Zeng M，Xue S，Ma M J，et al. Historical review of demand side management in China：Management content，operation mode，results assessment and relative incentives[J]. Renewable and Sustainable Energy Reviews，2013（25）：470-482.

[4] 董朝阳，赵俊华，文福拴，等. 从智能电网到能源互联网：基本概念与研究框架[J]. 电力系统自动化，2014，38（15）：1-11.

[5] 韩晓娟，张婳，修晓青，等. 配置梯次电池储能系统的快速充电站经济性评估[J]. 储能科学与技术，2016，5（4）：514-521.

[6] 李建林，杨水丽，高凯. 大规模储能系统辅助常规机组调频技术分析[J]. 电力建设，2015，36（5）：105-110.

[7] 田世明，栾文鹏，张东霞，等. 能源互联网技术形态与关键技术[J]. 中国电机工程学报，2015，35（14）：3482-3494.

[8] 杨方，白翠粉，张义斌. 能源互联网的价值与实现架构研究[J]. 中国电机工程学报，2015，35（14）：3495-3502.

[9] 李建林，田立亭，李春来. 储能联合可再生能源分布式并网发电关键技术[J]. 电气应用，2015，34（9）：28-33.

[10] 刘吉臻. 大规模新能源电力安全高效利用基础问题[J]. 中国电机工程学报，2013，33（16）：1-8.

[11] Salahuddin M，Alam K. Internet usage，electricity consumption and economic growth in Australia：A time series evidence[J]. Telematics and Informatics，2015，32（4）：862-878.

[12] Dijkman R M，Sprenkels B，Peeters T，et al. Business models for the Internet of Things[J]. International Journal of Information Management，

2015，35（6）：672-678.

[13] Aghaei J，Alizadeh M I. Demand response in smart electricity grids equipped with renewable energy sources：A review[J]. Renewable and Sustainable Energy Reviews，2013（18）：64-72.

[14] Broeer T，Fuller J，Tuffner F，et al. Modeling framework and validation of a smart grid and demand response system for wind power integration [J]. Applied Energy，2014（113）：199-207.

[15] 邢龙，张沛超，方陈，等. 基于广义需求侧资源的微网运行优化[J]. 电力系统自动化，2013，37（12）：7-12，133.

[16] 曾鸣，杨雍琦，刘敦楠，等. 能源互联网“源–网–荷–储”协调优化运营模式及关键技术[J]. 电网技术，2016，40（1）：114-124.

[17] Ahmadigorji M，Amjady N. Optimal dynamic expansion planning of distribution systems considering non-renewable distributed generation using a new heuristic double-stage optimization solution approach [J]. Applied Energy，2015（156）：655-665.

[18] Wang Chengshan，Yu Hao，Li Peng. EMTP-type program realization of krylov subspace based model reduction methods for large-scale active distribution network[J]. CSEE Journal of Power and Energy Systems，2015，1（1）：52-60.

[19] 张钦，王锡凡，王建学，等. 电力市场下需求响应研究综述[J]. 电力系统自动化，2008，32（3）：97-106.

[20] 史常凯，张波，盛万兴，等. 灵活互动智能用电的技术架构探讨[J]. 电网技术，2013，37（10）：2868-2874.

[21] 徐宪东，贾宏杰，靳小龙，等. 区域综合能源系统电/气/热混合潮流算法研究[J]. 中国电机工程学报，2015，35（14）：3634-3642.

[22] 刘东，盛万兴，王云，等. 电网信息物理系统的关键技术及其进展[J]. 中国电机工程学报，2015，35（14）：3522-3531.

[23] 慈松. 能量信息化和互联网化管控技术及其在分布式电池储能系统中的应用[J]. 中国电机工程学报，2015，35（14）：3643-3648.

[24] 宋艺航，谭忠富，李欢欢，等．促进风电消纳的发电侧、储能及需求侧联合优化模型[J]．电网技术，2014，38（3）：610-615.

[25] 苗坤坤．北京市电动汽车基础设施商业模式创新研究[D]．北京：北京交通大学，2016.

[26] 戴丽．电动汽车的发展关键在于动力电池和商业模式[J]．节能与环保，2015（5）：46-47.

[27] 吴燕，白茹，金鹏，等．基于智能电网的能源互联网研究[J]．电气应用，2015（S1）：592-595.

[28] 陈启鑫，刘敦楠，林今，等．能源互联网的商业模式与市场机制（一）[J]．电网技术，2015（11）：3050-3056.

[29] 张弛，陈晓科，徐晓刚，等．基于电力市场改革的微电网经营模式[J]．电力建设，2015（11）：154-159.

[30] 刘扬．商用车联网企业的商业模式创新策略研究[D]．北京：北京交通大学，2015.

[31] 葛炬，张粒子，周小兵．电力市场环境下辅助服务问题的研究[J]．现代电力，2003（1）：80-85.

[32] 刘怡君，彭频．循环经济视角下车用动力电池逆向物流链的优化[J]．江西理工大学学报，2015（6）：61-65.

[33] 陈永翀，李爱晶，刘丹丹，等．储能技术在能源互联网系统中应用与发展展望[J]．电器与能效管理技术，2015（24）：39-44.

[34] 苏峰，张贲，史沛然，等．考虑调频绩效机制下储能在多市场中的最优投标策略研究[J]．电力建设，2016（3）：71-75.

[35] 周燕．呼和浩特抽水蓄能电站经营模式研究[D]．保定：华北电力大学，2009.

[36] 罗星，王吉红，马钊．储能技术综述及其在智能电网中的应用展望[J]．智能电网，2014（1）：7-12.

[37] 叶季蕾，王湘艳，薛金花，等．储能在大型企业用户中应用的多重效益分析[J]．电气应用，2014（9）：52-55.

[38] 雷博．电池储能参与电力系统调频研究[D]．长沙：湖南大学，2014.

[39] 孙丙香，姜久春，牛军龙，等．基于两种商业模式的动力电池运营价格测算及对比分析[J]．高技术通讯，2013（3）：302-307.

[40] 王松岑，来小康，程时杰．大规模储能技术在电力系统中的应用前景分析[J]．电力系统自动化，2013（1）：3-8.

[41] 王承民，孙伟卿，衣涛，等．智能电网中储能技术应用规划及其效益评估方法综述[J]．中国电机工程学报，2013（7）：33-41.

[42] 赵波，王成山，张雪松．海岛独立型微电网储能类型选择与商业运营模式探讨[J]．电力系统自动化，2013（4）：21-27.

[43] 王抒祥，饶娆，宋艺航，等．电动汽车充换电服务商业模式综合评价研究[J]．现代电力，2013（2）：89-94.

[44] 李旸，马钧．动力锂离子电池二次生命周期商业运营模式[J]．农业装备与车辆工程，2013（3）：38-41.

[45] 林世平，陈斌．分布式能源产业发展机会与商业模式创新[J]．沈阳工程学院学报：自然科学版，2012（4）：300-303.